U0891786

高等学校教材

Visual Basic 程序设计教程实验指导与测试

Visual Basic Chengxu Sheji Jiaocheng
Shiyan Zhidao yu Ceshi

王春红　张晓静　主编
武春英　史灵静　杨国霞　副主编

高等教育出版社·北京

内容提要

本书是《Visual Basic程序设计教程》的配套教材，针对主教材中的重点、难点给出了实验目的、预备知识、实验示例及实验内容部分，内容涵盖了Visual Basic基础、顺序结构、选择结构、循环结构、数组、过程、多文档窗体与程序调试、数据文件、用户界面设计、图形设计和数据库管理。

本书适合作为高等学校本科各专业学生“Visual Basic程序设计”课程的配套教材，也可作为初学者的入门学习教材。

图书在版编目(CIP)数据

Visual Basic 程序设计教程实验指导与测试 / 王春红，张晓静主编. --北京：高等教育出版社，2012.1 (2021.12 重印)

ISBN 978-7-04-034178-2

Ⅰ. ①V… Ⅱ. ①王…②张… Ⅲ. ①BASIC 语言-程序设计-高等学校-教学参考资料 Ⅳ. ①TP312

中国版本图书馆 CIP 数据核字(2011)第 270389 号

策划编辑 武林晓　　责任编辑 武林晓　　封面设计 王 洋　　版式设计 杜微言
责任校对 金 辉　　责任印制 赵义民

出版发行	高等教育出版社	咨询电话	400-810-0598
社　　址	北京市西城区德外大街4号	网　　址	http://www.hep.edu.cn
邮政编码	100120		http://www.hep.com.cn
印　　刷	北京盛通印刷股份有限公司	网上订购	http://www.landraco.com
开　　本	787mm×1092mm 1/16		http://www.landraco.com.cn
印　　张	11	版　　次	2012年1月第1版
字　　数	260千字	印　　次	2021年12月第6次印刷
购书热线	010-58581118	定　　价	16.00元

物 料 号 34178-00

前　　言

“高级语言程序设计”课程的目的是培养学生的程序设计能力，使学生掌握程序设计的基本技能和方法，并将程序设计与本专业知识相结合，学以致用。但初学者普遍感到学习困难，为了便于教学，我们编写了与主教材配套的实验指导教材。

《Visual Basic 程序设计教程实验指导与测试》是课堂教学的补充，目的是帮助初学者快速掌握 Visual Basic 语言。该书结合教学过程中的重点、难点，首先给出了实验目的、预备知识，并通过实验示例透析基本概念、加强基本训练，使学习者通过模仿练习最终达到提高程序阅读能力和编程能力的目的，而且每个实验都有实验内容部分，实验内容是学习者自主编程、学习提高的过程。

本实验指导在内容编排、实验内容选择等方面精心设计，力求使学习者通过实验加深对教材内容的理解、加强计算思维能力的培养。为了配合学生的考试环节，本书还编写了 4 套测试题，题型及难易度基本与考试一致，目的是让学生通过测试题加强课程复习，有目的、有针对性地加强程序设计能力的训练，帮助学生顺利通过本课程的各种考试。

本书共 12 章，第 1 章、第 2 章、第 12 章由王春红编写，第 3 章、第 4 章、第 5 章、第 11 章及测试题 3、测试题 4 由张晓静编写，第 6 章、第 7 章及测试题 1、测试题 2 由武春英编写，第 8 章、第 10 章由史灵静编写，第 9 章由杨国霞编写。全书由王春红完成统稿及校对工作。

本书的编写工作得到了学院领导的大力支持，同时也吸取了任课老师的许多宝贵意见，作者在此一并表示感谢。由于编者水平所限，书中难免有不妥之处，敬请读者批评指正。

编者

2011 年 10 月

目　录

第1章　Visual Basic 入门

实验一　熟悉 Visual Basic 集成开发环境

一、实验目的

1. 掌握 Visual Basic 的启动与退出。
2. 掌握 Visual Basic 应用程序的一般开发过程。
3. 熟悉 Visual Basic 集成开发环境，了解各种功能窗口的作用。
4. 了解窗体的常用属性、方法和事件。

二、预备知识

1. Visual Basic 的启动

(1) 单击“开始”按钮，弹出“开始”菜单，将鼠标箭头指向“程序”(或“所有程序”)子菜单，在级联菜单中选择“Microsoft Visual Basic 6.0 中文版”菜单项，在下一级级联菜单中单击“Microsoft Visual Basic 6.0 中文版”命令。

(2) 也可以在桌面上建立快捷方式，使用快捷方式启动 Visual Basic；还可以浏览找到 Vb6.exe 文件，双击该文件启动 Visual Basic。

2. Visual Basic 的退出

(1) 单击 Visual Basic 集成开发环境窗口中的“关闭”按钮或“文件”菜单中的“退出”命令。

(2) 使用快捷键：Alt+Q。

3. Visual Basic 的集成开发环境

Visual Basic 集成开发环境是一个将应用程序界面的可视化设计、代码输入、修改及源程序的调试、运行集为一体的集成化软件开发环境，它由主菜单、工具栏、控件工具箱及完成各种特定功能的窗口组成。其界面如图 1-1 所示。

4. 对象、属性和方法，事件、事件过程及事件驱动

5. 创建 Visual Basic 应用程序的一般过程

(1) 设计界面。

(2) 设计对象属性。

(3) 编写事件过程。

(4) 运行并调试程序。

(5) 保存工程及工程中所包含的窗体及其他模块。

(6) 发布应用程序，即先编译成可执行程序，再打包，最后交付用户使用。

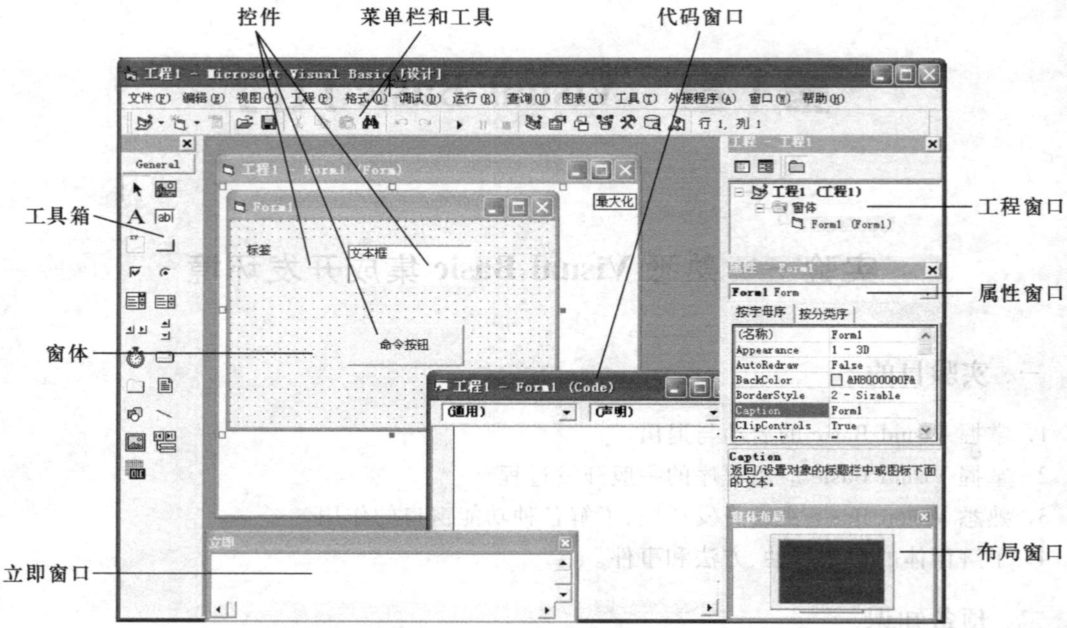

图 1-1 Visual Basic 的集成开发环境界面

三、实验示例

示例一 在窗体上显示系统日期和时间。

示例分析:系统日期和时间分别用 Date 函数和 Time 函数获得。

操作步骤:

(1) 启动 Visual Basic 6.0,打开 Visual Basic 集成开发环境,如图 1-2 所示。

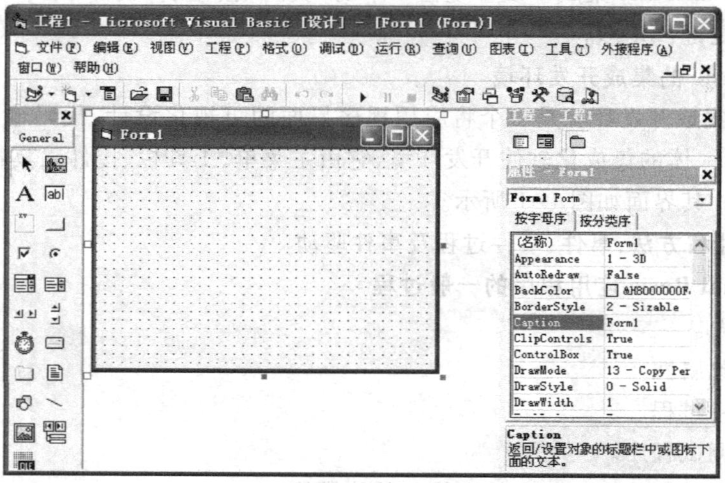

图 1-2 Visual Basic 应用程序“工程 1”的设计界面

从图 1-2 中可以看出，Visual Basic 集成开发环境按默认情况创建了名为“工程 1”的应用程序，其中包括一个窗体 Form1。

（2）双击窗体，进入代码窗口，在窗口中的事件名称下拉列表框中选择“Click”选项。然后，在窗体的 Click 事件过程中输入如下代码：

```
Form1.Print Date,Time
```

（3）单击工具栏上的“启动”按钮或“运行”菜单中的“启动”命令，运行程序。

（4）单击窗体，即可在窗体上显示出系统日期和时间。

（5）退出 Visual Basic 环境。在集成开发环境窗口中，从“文件”菜单中选择“退出”命令，或双击窗口的控制菜单图标，或单击窗口上的“关闭”按钮均可退出 Visual Basic 6.0。在退出时，系统会提示用户保存工程文件和窗体文件，如图 1-3 所示。

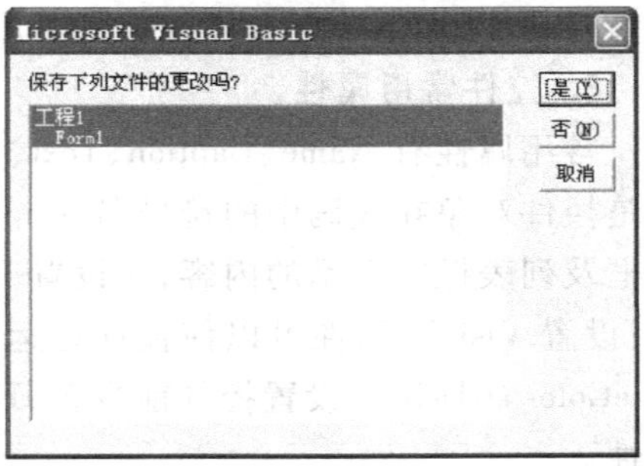

图 1-3　保存工程对话框

（6）保存工程。在图 1-3 中，单击“是”按钮，将窗体 Form1 和工程 1 按默认文件名保存到指定位置“D:\示例一”文件夹中即可。

示例二　编程实现：将窗体的字体设置为“黑体”；字号设置为 20 磅；背景色设置为绿色；在窗体上显示“窗体属性设置”。

示例分析：可以在窗体的加载事件中编写程序，但必须先用 Show 方法将窗体显示出来。

程序代码如下：

```
Private Sub Form_Load()
    Form1.Show
    Form1.FontName = "黑体"
    Form1.FontSize = 20
    Form1.BackColor = RGB(0, 255, 0)
    Print "窗体属性设置"
End Sub
```

四、实验内容

1. 启动 Visual Basic，单击窗体并在窗体上显示 10 的平方。

2. 窗体加载后，在窗体的标题栏上显示“我们学 Visual Basic”，然后单击窗体，在窗体上显示“我们正在学 Visual Basic”。

实验二　常用控件的使用

一、实验目的

1. 了解窗体界面设计的基本思路。

2. 熟悉常用控件属性的设置方法。

3. 掌握常用控件的常用事件的使用方法。

二、预备知识

1. 常用控件

本章涉及的常用控件包括标签(Label)、文本框(TextBox)、命令按钮(CommandButton)、计时器(Timer)、图片框(PictureBox)及图像(Image)控件等。这些控件的功能是:命令按钮控件被用户单击时可以触发单击事件实现指定的功能;标签控件用于输出用户信息;文本框控件用于接收用户输入的数据,也可显示数据处理结果;计时器用于按指定时间间隔产生定时事件,实现定时和计时功能;而图片框和图像控件可用于显示指定的图片。

2. 控件常用属性

常用属性有 Name、Caption、Text、Enabled、Visible、BackColor、ForeColor 和 Font 等。Name 属性是控件对象在代码中的符号名;Caption 属性是该控件在界面上所显示的标题;Text 属性是文本框及列表框中显示的内容;而设置 Enabled 属性则会使该控件在运行时进入可用或不可用状态;设置 Visible 属性可以使控件在运行时可见或不可见;BackColor 属性用于设置控件背景色;ForeColor 属性用于设置控件前景色;Font 属性用于设置控件的字体、字号等与字符格式相关的属性。

三、实验示例

示例一 更改文本框中文本的字体和颜色。在窗体上放置一个文本框和两个命令按钮,界面如图 1-4 所示。

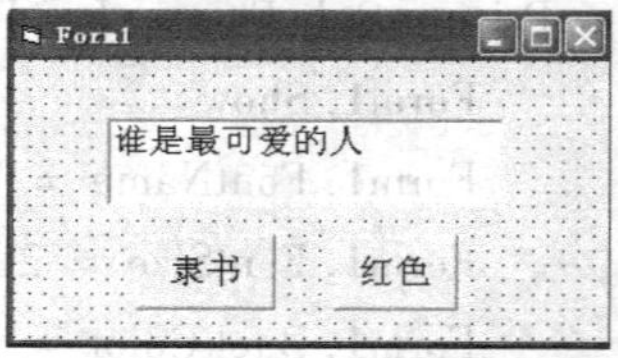

图 1-4 示例一的设计界面

示例分析:需要在窗体上添加 3 个控件:一个文本框、两个命令按钮,分别设置文本框的 Text 属性和命令按钮的 Caption 属性,并编写命令按钮的单击事件过程。

操作步骤:

(1) 启动 Visual Basic 6.0。

(2) 进行界面设计。在窗体上添加一个文本框和两个命令按钮。

(3) 设置对象属性。单击文本框,在文本框的属性窗口中,将 Text 属性值设置为“谁是最可爱的人”;单击第一个命令按钮,在命令按钮的“属性”窗口中将其 Caption 属性值设置为“隶书”;再单击第二个命令按钮,在命令按钮的“属性”窗口中将其 Caption 属性值设置为“红色”。

(4) 编写过程代码。

① 双击“隶书”命令按钮,进入代码窗口,在其 Click 事件过程中输入如下代码:

```
Text1.FontName = "隶书"
```

② 双击“红色”命令按钮,在其 Click 事件过程中输入如下代码:

```
Text1.ForeColor = vbRed
```

代码窗口如图 1-5 所示。

（5）运行程序。单击“启动”按钮，再分别单击两个命令按钮，观察文本框中内容的变化。

（6）保存工程。单击工具栏上的“保存”按钮，在打开的对话框中设置将当前工程保存到“D:\示例一”文件夹中。

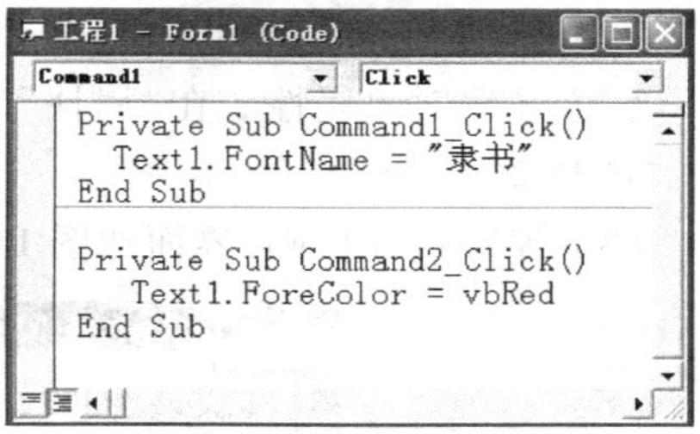

图 1-5　示例一的代码窗口

注意：“工程资源管理器”窗口左上角的“查看代码”按钮与“查看对象”按钮是代码设计窗口和界面设计窗口的切换按钮，通过这两个按钮即可实现界面设计窗口与代码设计窗口的切换，如图 1-6 所示。

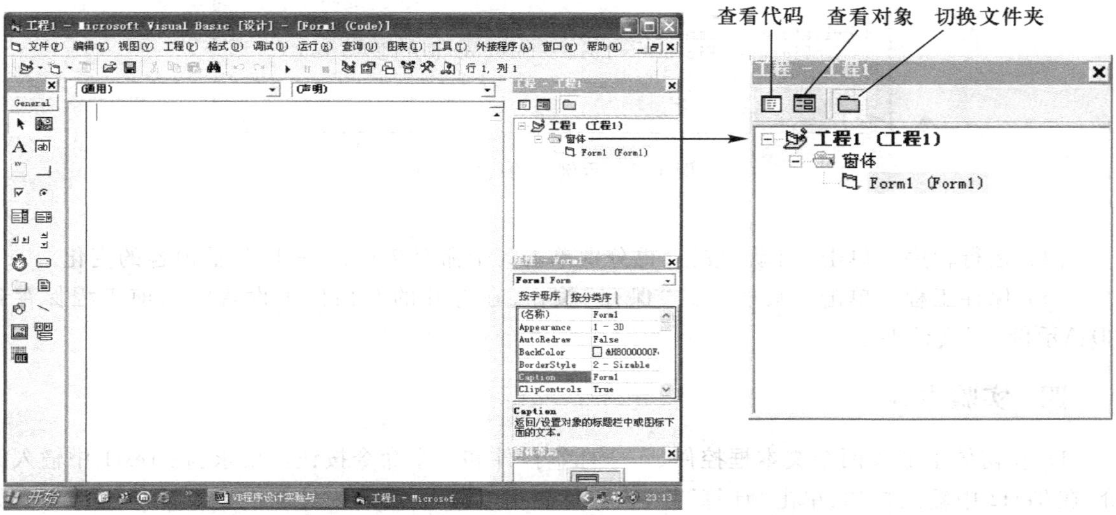

图 1-6　界面设计与代码设计窗口的切换按钮

示例二　计时器应用。要求：从 0 开始每隔 0.5 s 在标签上显示一下时间。

示例分析：由于要进行计时，所以用到计时器控件 Timer。又由于每隔 05 s 会改变一次显示，所以应将 Timer 控件的 Interval 属性设置为 500。

界面设计：在窗体上放置一个标签控件和一个计时器控件。

程序代码如下：

```
Private Sub Form _ Load( )
    Timer1. Interval  =  500
End Sub
Private Sub Timer1 _ Timer( )
    Label1. Caption  =  Val( Label1. Caption)  + 0.5
End Sub
```

示例三　制作简易图片浏览器。

示例分析：浏览图片将用到图片框控件 PictureBox，涉及其 Picture 属性和 LoadPicture 函数。

操作步骤：

（1）启动 Visual Basic 6.0，在窗体上添加 1 个图片框和 3 个命令按钮。

（2）设置对象属性。在“属性”窗口中分别将 3 个命令按钮的 Caption 属性值设置为“图片 1”、“图片 2”、“图片 3”。

（3）编写过程代码，界面如图 1-7 所示。

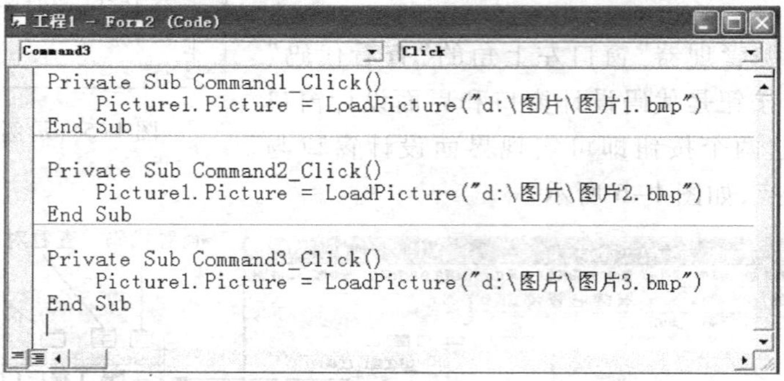

图 1-7　示例三的代码窗口

（4）运行程序。单击“启动”按钮，再分别单击 3 个命令按钮，观察图片框内容的变化。

（5）保存工程。单击工具栏上的“保存”按钮，在打开的对话框中设置将当前工程保存到“D:\示例三”文件夹中。

四、实验内容

1. 在窗体上放置两个文本框控件、一个标签控件和一个命令按钮。要求：在 Text1 中输入原价，在 Text2 中输入折扣，单击“计算”按钮，在标签 Label1 中输出应付金额。设计与运行界面如图 1-8 所示。

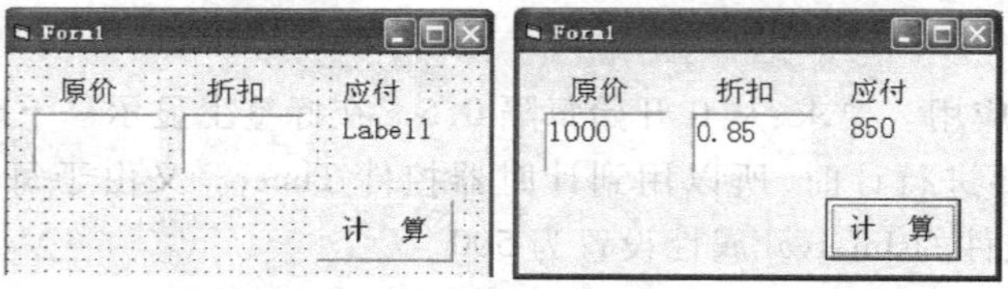

图 1-8　设计与运行界面

2. 设计一个计时器，用文本框显示秒数，完成 10 秒倒计时。

提示：（1）用计时器控件 Timer 控制时间（每隔 1 秒，文本框中的数字减 1）。

（2）将 Timer 控件的 Interval 属性值设置为 1 000。

五、部分习题答案

1. 单项选择题

（1）D （2）B （3）C （4）A （5）D （6）C （7）A （8）C （9）C （10）C

（11）C （12）B （13）D （14）B （15）D （16）A （17）A （18）C （19）B （20）B

2．填空题

（1）相关文档　（2）方法　（3）工具箱　（4）当前工程名　（5）查看对象、查看代码

（6）部件　（7）Font　（8）PasswordChar　（9）MultiLine　（10）True

3．编写窗体的单击事件过程代码如下：

```
Private Sub Form_Click()
    Form1.FontName = "黑体"
    Form1.FontSize = 28
    Form1.ForeColor = RGB(0, 0, 255)
    Print "兴业尽责"
End Sub
```

第 2 章　程序设计入门

程序设计语言的语句构成和语法规则是程序设计的基础，本章主要熟悉构成 Visual Basic 应用程序的基本元素，包括数据的类型、常量、变量、运算符、表达式和内部函数，以及程序语句和编码规则等内容。

实验三　Visual Basic 语言基础

一、实验目的

1. 了解 Visual Basic 的数据类型。
2. 掌握变量及符号常量的定义。
3. 熟练掌握 Visual Basic 的运算符和表达式的使用方法。
4. 掌握 Visual Basic 常用函数的使用方法。
5. 了解 Visual Basic 编码规则。

二、预备知识

1. 数据类型

Visual Basic 将数据类型分为标准数据类型和自定义类型。标准数据类型由系统提供，共 6 类：数值型（Numeric）、字符型（String）、逻辑型（Boolean）、日期型（Date）、变体型（Variant）和对象型（Object）。

除了以上标准数据类型外，用户还可以根据自己的需要自定义数据类型，称为自定义类型，形式如下：

```
[Public|Private] Type　自定义类型名
元素名[(下标)]　As 类型名
[元素名[(下标)]　As 类型名]
⋮
End Type
```

2. 变量和常量

变量是程序运行过程中其值可以改变的量。变量应先声明再使用，声明变量就是为变量指定名称、数据类型及作用范围。

常量是在程序运行过程中其值保持不变的量，又分为直接常量和符号常量，符号常量又分为用户自定义的和系统提供的两种。用户自定义符号常量的语句格式如下：

[Public | Private] Const <符号常量名> [As 数据类型] =<表达式>

3. 运算符与表达式

表达式是由常量、变量、各种运算符、括号以及函数连接在一起构成的有意义的式子。表达式运算结果的类型由参与运算的数据的类型和运算符共同决定。Visual Basic 的表达式有下列形式。

(1) 算术表达式：是由算术运算符连接构成的式子。算术运算符有^(幂运算)、-(负号)、*和/(乘和除)、\(整除)、Mod(取余数)、+和-(加和减)。注意整除运算符(\)和取模运算符(Mod)的使用方法。

(2) 关系表达式：由关系运算符连接构成的式子，其运算结果是一个逻辑量。关系运算符有=(等于)、>(大于)、>=(大于等于)、<(小于)、<=(小于等于)、<>(不等于)。运算符两边的操作数如果是数值型，则按其大小比较；如果是字符型，则按其字符编码的 ASCII 码值从左到右一一比较。

(3) 逻辑表达式：由逻辑运算符连接构成的式子，运算结果为逻辑值。逻辑运算符按优先级由高到低依次为 Not(非)、And(与)、Or(或)、Xor(异或)、Eqv(等价)、Imp(蕴含)。常用的是前 3 个运算符。

(4) 字符串表达式：由字符串运算符"&"或"+"连接构成的式子。它们的功能都是将两个字符串拼接起来。"+"运算符两边的操作数均应为字符型；"&"运算符两边的操作数既可以是字符型也可以是数值型。

4. 内部函数

Visual Basic 提供了大量的内部函数供用户编程时使用。内部函数按功能可分为数学函数、转换函数、字符串函数、日期函数、格式输出函数以及最常用的随机函数 RND。

三、实验示例

示例一 设 $x=3$、$y=4$，计算表达式 $2xy+\cos 30°$ 的值，并将结果显示到文本框中。

示例分析：首先将角度值转换为弧度值，方法是：角度值 * π/180。运算结果可以用 Round 函数进行四舍五入及小数位数保留设置。

界面设置：在窗体上放置一个文本框。

利用窗体的加载事件过程实现程序功能。程序代码如下：

```
Private Sub Form_Load()
    Const PI As Single = 3.14
    x = 3
    y = 4
    Text1.Text = 2 * x * y + Round(Cos(30 * PI / 180), 2)
End Sub
```

说明：Round(数值,小数位数)函数的功能是对第一个参数的数值进行四舍五入，并按第二个参数保留小数位数。如 Round(3.14159,4)的结果为"3.1416"。

示例二 在窗体上放置 5 个文本框、5 个标签和两个命令按钮，设计界面如图 2-1 所示。要求：先在"原串"文本框中输入一个字符串，在"子串长度"文本框中输入子串长度(数值型数据)，然后单击"取子串"按钮按指定长度取出左子串和右子串；单击"合并"按钮将左子串和右子串合并后显示到第 4 个文本框中。

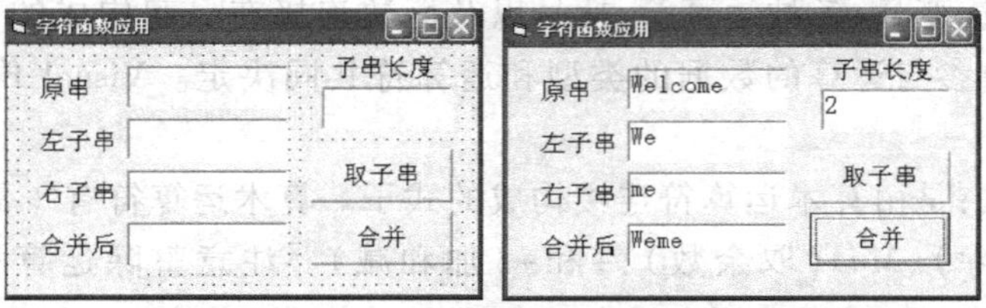

图 2-1　示例二的设计与运行界面

示例分析：文本框的 Text 属性值为字符型，所以在“子串长度”文本框中输入数据后，还应使用 Val 函数将文本型转换成数值型；左子串用 Left 函数获取；右子串用 Right 函数获取；使用“&”或“+”完成字符串连接。

界面设计：参照图 2-1 完成界面设计。

程序代码如下：

```
Private Sub Command1 _ Click( )
  Dim L As Integer
  L = Val(Text5. Text)
  Text2. Text = Left( Text1. Text, L)
  Text3. Text = Right( Text1. Text, L)
End Sub

Private Sub Command2 _ Click( )
  Text4. Text = Text2. Text & Text3. Text
End Sub
```

示例三　首先定义 3 个不同类型的数值型变量，然后随机产生指定范围内的一个数，将这个随机数分别赋值给 3 个变量，在窗体上显示 3 个变量的值，并比较两个数是否相等。

示例分析：本例考查的是变量的数据类型及其值，所以可以定义一个整型变量、一个单精度型变量和一个双精度型变量，最后利用关系表达式查看变量是否相等(结果为逻辑型)。

程序代码如下：

```
Private Sub Command1 _ Click( )
  Dim x As Integer, y As Single, z As Double
  a = Rnd * 11
  x = a
  y = a
  z = a
  Print x, y, z
  Print x = y, y = z
```

```
End Sub
```

首次运行结果为：

```
                    8            7.761023         7.76102256774902
                  False            True
```

示例四　随机产生一个3位正整数，然后计算各位数字之和，同时将产生的数与计算结果显示到标签上。

示例分析：3位正整数的最小值100，最大值为999；各位数字可以用Mid函数取出，然后相加，也可以使用算术运算符Mod及整除运算符获得，如125的个位数字可以用125 Mod 10获得，十位数字可以用(125 Mod 100) \ 10获得，百位数字可以用125 \ 100获得。

程序代码如下：

方法1：利用字符串函数

```
Private Sub Command3_Click()
    Dim x As Integer, s As String
    Dim x1 As Byte, x2 As Byte, x3 As Byte
    x = Int(Rnd * 900) + 100
    s = Trim(Str(x))                '利用Trim去掉符号位占位空格
    x1 = Val(Mid(s, 3, 1))          '获取个位数字
    x2 = Val(Mid(s, 2, 1))          '获取十位数字
    x3 = Val(Mid(s, 1, 1))          '获取百位数字
    Label1.Caption = s              '显示随机数
    Label2.Caption = Str(x1 + x2 + x3) '显示各位数字之和
End Sub
```

方法2：利用算术运算符

```
Private Sub Command2_Click()
    Dim x As Integer, x1 As Byte, x2 As Byte, x3 As Byte
    x = Int(Rnd * 900) + 100
    x1 = x Mod 10                   '获取个位数字
    x2 = (x Mod 100) \ 10           '获取十位数字
    x3 = x \ 100                    '获取百位数字
    Label1.Caption = s & vbCrLf & Str(x1 + x2 + x3) '分两行显示随机数及数字之和
  End Sub
```

提示：将标签的AutoSize及WordWrap属性均设置为True，才能折行显示。

四、实验内容

1. 根据条件写出表达式，并验证。

(1) 产生[10,20]之间的一个整数。

(2) s="123456789"，从s的第5个字符起取6个字符，从s的第3个字符起取2个字符，从s的左边起取2个字符，从s的右边起取4个字符。

(3) 验证表达式 Asc("A") - 12 + 2 ^ 3 Mod 10 \ 6 + 5 > 6 的值。

(4) 距离 2013 年 7 月 1 日还有多少天。

(5) 给出一个字符串,分别将其变为大写字符串和小写字符串。

2. 返回系统当前日期的年、月、日及星期号。

五、部分习题答案

1. 单项选择题

(1) D (2) C (3) B (4) C (5) A (6) A (7) D (8) B (9) C (10) D (11) B (12) B (13) C (14) A (15) C (16) D (17) B (18) B (19) C (20) B (21) B (22) D

2. 填空题

(1) 定长字符串、自定义 (2) 0、空串 (3) BEIJING、beijing (4) $\frac{x^4}{25}+|x^2-4x|$

(5) 0 (6) H (7) 1550.00% (8) DateDiff("d",Now,#7/15/2011#)

3. (1) 2 * x * y+Cos(30 * 3.14/180) (2) (Abs(a)+Abs(b))^2

(3) (-B+Sqr(B^2-4 * A * C))/(2 * A) (4) x^2 * (1+Exp(2))

5. (1) -1 (2) "-459.65" (3) 32 (4) 13 (5) #2011-4-15#

第 3 章　顺序结构程序设计

本章主要介绍 Visual Basic 6.0 中数据的输入和输出函数，以及赋值语句和其他常用的输入输出控件的使用方法。

实验四　用 InputBox 和 MsgBox 输入输出数据

一、实验目的

1. 掌握 InputBox 及 MsgBox 函数中各参数的含义及其应用。
2. 熟练掌握利用输入框函数 InputBox 输入数据的方法。
3. 熟练掌握利用消息框函数 MsgBox 输出数据的方法。

二、预备知识

使用 Visual Basic 预先定义的对话框可以方便地输入和输出数据。Visual Basic 提供的预定义对话框有两种：输入框和消息框，前者用 InputBox 函数打开，后者用 MsgBox 函数打开。

1. InputBox 函数的格式

InputBox(<提示信息>,[标题],[默认值])

其中，必须有提示信息，可以省略标题（省略时，标题默认为工程名）。另外，该函数的返回值类型为字符串类型。

2. MsgBox 函数的格式

MsgBox(<提示信息>,[按钮图标],[标题])

其中，不能省略提示信息，按钮图标由一组常量决定，参见主教材。

该函数的返回值就是所单击的按钮值。

3. MsgBox 语句的格式

MsgBox 提示信息,按钮图标,标题

该函数用于输出数据，提示信息就是要输出的内容，类型为字符串。

三、实验示例

示例一　新建一个名称为 Form1、标题为“使用输入对话框”的窗体，该窗体上无任何控件。编写适当的事件过程，当用户运行程序并单击窗体时，会打开一个输入对话框，其标题为“输入框”，提示信息为“请输入”，默认值为“Basic”，如图 3-1 所示。

示例分析：首先在“属性”窗口中设置窗体的 Caption 属性为“使用输入对话框”。根据题目对输入框的要求，可使用如下 InputBox 函数：InputBox ("请输入","输入框","Basic")。

因为单击窗体时会打开一个对话框，所以应使用窗体的单击事件过程，程序如下：

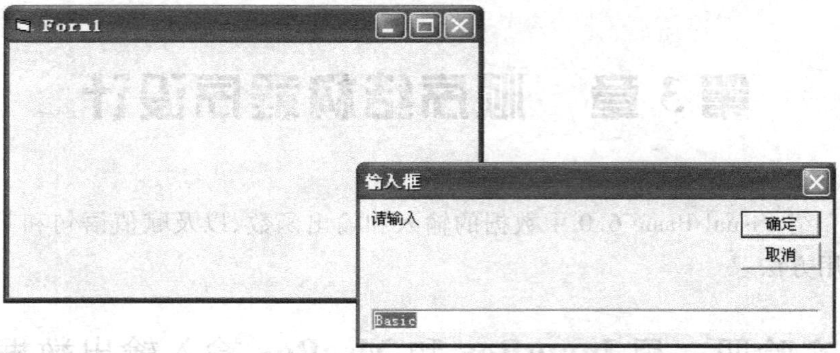

图 3-1 示例一的运行界面

```
Private Sub Form _ Click( )
  Dim s As String
  s = InputBox( "请输入", " 输入框","Basic" )
End Sub
```

示例二 单击窗体,产生一个提示信息为“是否党员”,按钮为 “是”和“否”,标题为“消息框演示”的消息框。

程序如下:

```
Private Sub Form _ Click( )
  Dim a As Integer
  a = InputBox( "是否党员", vbYesNo, "消息框演示")
End Sub
```

示例三 单击命令按钮,用 InputBox 输入两个数,通过 MsgBox 输出它们的乘积。

示例分析:在窗体上添加一个命令按钮,由它的单击事件过程实现。参考程序如下:

```
Private Sub Command1 _ Click( )
  Dim a As Single, b As Single
  a = InputBox( "输入 a" )
  b = InputBox( "输入 b" )
  MsgBox a * b
End Sub
```

四、实验内容

1. 用输入框函数输入两个数,用消息框函数输出它们的差,输入框的默认值为 0。
2. 输入一个人的姓名和专业,并通过消息框函数输出信息。

实验五　赋值语句及数据输出

一、实验目的

1. 掌握变量定义语句的书写格式。
2. 理解 Visual Basic 中赋值语句的意义,能够正确使用赋值语句。
3. 掌握 Visual Basic 中输入输出数据常用控件的属性、特点及区别。
4. 掌握 Print 方法的使用方法。
5. 掌握计时器控件的使用方法。
6. 学会编写简单的 Visual Basic 程序。

二、预备知识

1. 定义变量

如果在程序中使用的变量没有定义,则变量的默认类型为 Variant 类型。

2. 赋值语句

要求赋值号左边必须是变量名或属性名,赋值号右边是表达式,结果将把赋值号右边表达式的值赋给左边的变量或对象属性。

3. 文本框控件的几个常用属性

MultiLine:多行属性。

MaxLength:文本框中内容的最大长度属性。

PasswordChar:口令字符属性。

ScrollBars:滚动条属性。

SelLength:文本框中选中字符的长度属性。

SelStart:文本框中选中字符的开始位置属性。

SelText:文本框中选中字符串的属性。

4. 文本框控件的事件

Change 事件:当文本框中的内容发生变化时自动触发该事件。

KeyPress 事件:当光标在文本框中时,按下任意键时自动触发该事件。

5. 标签控件的几个常用属性

Caption:标题属性。

AutoSize:标签的大小是否可以随着其中内容的增多而变大。

BorderStyle:边框类型属性。

Alignment:标签中内容的对齐属性。

6. 字体属性

Font:字体属性,在“属性”窗口中设置。

FontName:字体名属性,在代码窗口中使用。

FontSize:字号属性,在代码窗口中使用。

FontUnderLine:字体下画线属性,在代码窗口中使用。

FontItalic:字体斜体属性,在代码窗口中使用。

FontBold:字体加粗属性,在代码窗口中使用。

7. Print 方法

输出列表项可用分号分隔为紧凑格式,用逗号可分隔为标准格式。

Spc(n)函数用于输出 *n* 个空格,Tab(*n*)函数用于输出时将光标定位在第 n 列。在这两个函数后面都必须使用分号。

8. 计时器控件的属性和事件

Enabled:该属性用于设置计时器控件是否有效。

Interval:该属性用于设置计时器的计时时间间隔,以 ms 为单位。

Timer 事件:计时时间到将自动触发该事件。

9. 滚动条控件的主要属性和事件

Value:设置滚动块在滚动条中的位置值,即滚动块的当前值属性。

Min:滚动条的最小刻度值,默认值为 0。该属性用于指定或返回水平滚动条的最左端刻度值、垂直滚动条的最上端刻度值。

Max:滚动条的最大刻度值,默认值为 32 767。该属性用于指定或返回水平滚动条的最右端刻度值、垂直滚动条的最下端刻度值。

SmallChange:最小变动值。单击滚动条两端的箭头时滚动条的位移量。

LargeChange:最大变动值。单击滚动块和箭头之间的空白处时滚动条的位移量。

Change 事件:当滚动块位置发生变化时,将自动触发该事件。

Scroll 事件:当用鼠标拖动滚动块时,将触发 Scroll 事件。

三、实验示例

示例一 在名称为 Form1 的窗体上添加一个标签(名称为 Label1,标题为“输入信息”)、一个文本框(名称为 Text1,Text 属性的初始内容为空)和一个命令按钮(名称为 Command1,标题为“显示”)。然后编写命令按钮的 Click 事件过程。程序运行后,在文本框中输入“VB 程序设计”,然后单击“显示”按钮,则标签和文本框消失,并在窗体上显示文本框中的内容。程序运行后的窗体如图 3-2 所示。要求在程序中不得使用任何变量。

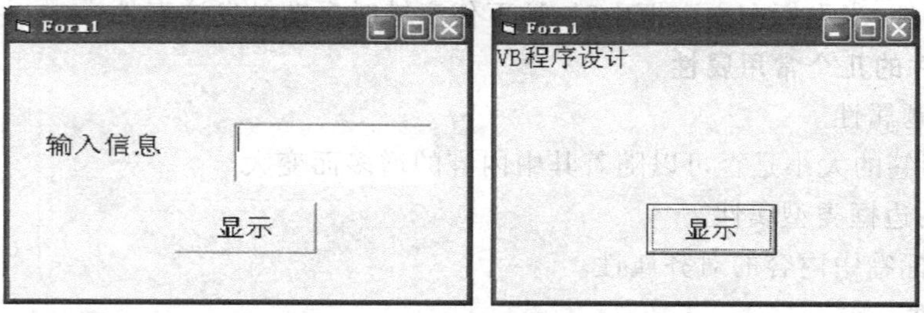

图 3-2 示例一的界面

示例分析:标签和文本框消失,应该将它们的 Visible 属性设置为 False。

界面设计:窗体上各对象的属性设置如表 3-1 所示。

表 3-1　示例一属性设置

对象名	属性	属性值
Label1	Caption	输入信息
Text1	Text	清空
Command1	Caption	显示

命令按钮 Command1 的 Click 事件代码如下:

```
Private Sub Command1 _ Click( )
    Label1. Visible = False
    Text1. Visible = False
    Print Text1. text
End sub
```

示例二　在名称为 Form1 的窗体上添加两个名称分别为 Label1、Label2,标题分别为“开始位置”、“选中字符数”的标签;添加 3 个文本框,名称分别为 Text1、Text2、Text3,再添加一个名称为 Command1、标题为“显示选中信息”的命令按钮。程序运行时,在 Text1 中输入若干字符,并选中部分文本后,单击“显示选中信息”按钮,则在 Text2 中显示选中的第一个字符的顺序号,在 Text3 中显示选中的字符个数,运行结果如图 3-3 所示。

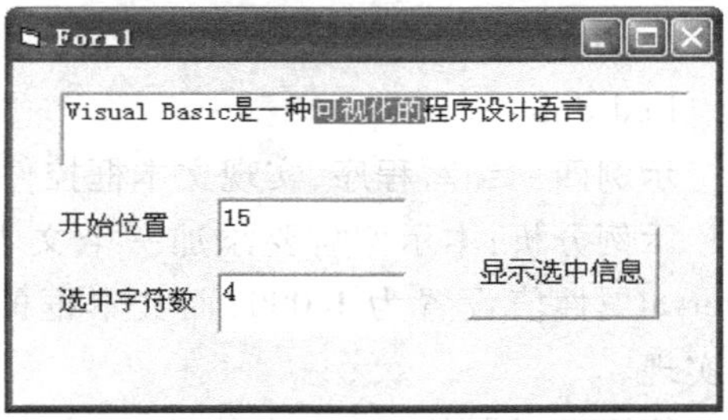

图 3-3　示例二的运行界面

要求:

(1) 添加所有控件,编写命令按钮的 Click 事件过程。

(2) 在程序中不得使用变量,在事件过程中只能写两条语句,分别用于显示第一个字符的顺序号和选中的字符个数。

示例分析:本示例需要利用文本框的几个属性完成。文本框中选中内容的起始位置由 SelStart 属性指定,选中的字符长度由 SelLength 属性指定。

界面设计:属性设置如表 3-2 所示。

表 3-2　示例二属性设置

对象名	属性	属性值
Label1	Caption	开始位置
Label2	Caption	选中字符数
Command1	Caption	显示选中信息
Text1	Text	空白
Text2	Text	空白
Text3	Text	空白

程序代码如下：

```
Private Sub Command1 _ Click( )
  Text2. Text=Text1. SelStart
  Text3. Text=Text1. SelLength
End sub
```

示例三 编写程序，程序运行后，单击窗体，输入两个整数，假设输入的是3和5，在窗体上输出它们的和、差。输出形式如下：

3+5=8

3-5=-2

程序代码如下：

```
Private Sub Form _ Click( )
  Dim a As Integer,b As Integer
  a=Val( InputBox( "请输入 a" ) )
  b=Val( InputBox( "请输入 b" ) )
  Print a; "+";b; "=";a+b
  Print a; "-";b; "=";a-b
End Sub
```

示例四 编写程序，实现文本框控件每隔1 s闪烁一次的功能。

示例分析：本示例需要添加一个文本框和一个计时器控件。因为间隔时间为1 s，所以将Interval属性值设置为1 000，而文本框的闪烁则通过其Visible属性值True与False的交替变换实现。

使用计时器的Timer事件过程，代码如下：

```
Private Sub Timer1 _ Timer( )
  Text1. Visible=Not Text1. Visible      '文本框的显示与不显示交替进行
End Sub
```

示例五 在窗体上添加一个文本框（名称为Text1，Text属性为“河”，FontName属性为“黑体”）和一个水平滚动条（名称为HScroll1），如图3-4(a)所示。编写适当的事件过程：程序运行后，如果移动滚动条上的滚动框，则可扩大或缩小文本框中的“河”字。程序运行后的窗体如图3-4(b)所示。要求在程序中不得使用任何变量。

(a) (b)

图3-4 示例五的界面

在“属性”窗口中为滚动条设置如下属性：

Min = 10、Max = 100、LargeChange = 5、SmallChange = 2。

示例分析：运行后要改变文本框中的字体大小需要改变 FontSize 属性。当改变滚动条的滚动块的位置时会自动触发 Change 事件。为了使文本框中的字号随着滚动条的变化而变化，应该把滚动条的 Value 属性赋值给 Text1 的 FontSize 属性。

程序代码如下：

```
Private Sub Hscroll1 _ Change( )
  Text1. FontSize = Hscroll1. Value
End sub
```

四、实验内容

1. 在名称为 Form1 的窗体上添加一个名称为 L1 的标签，标签上的标题为“请输入密码”，添加一个名称为 Text1 的文本框，其宽、高分别为 2 000 和 300，设置适当的属性，当用户输入密码时，文本框中显示字符“ * ”，此外再将窗体的标题设置为“密码窗口”，以上这些都必须在“属性”窗口中进行设置，程序运行时的窗体如图 3-5 所示。

图 3-5　实验内容 1 的运行界面

2. 在名称为 Form1 的窗体上添加一个名称为 Label1 的标签，在“属性”窗口中将 BorderStyle 属性设置为 1（如图 3-6 所示）。编写适当的事件过程，当程序运行后，如果单击窗体，则标签被移到窗体的右上角（只允许通过在程序中适当修改属性的方式来实现）。

要求：不得使用任何变量。

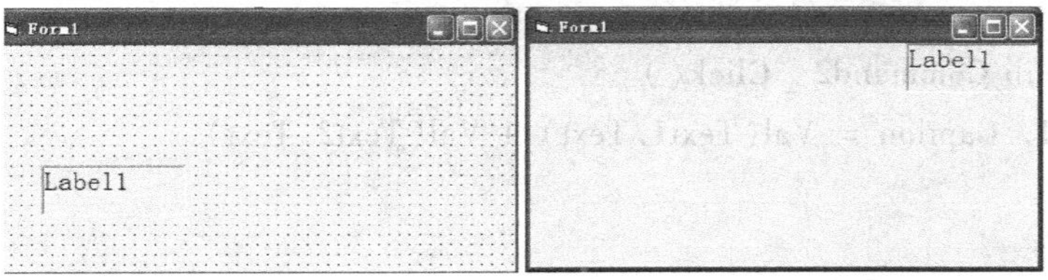

图 3-6　实验内容 2 的界面

提示：Label 的位置由 Left 和 Top 属性决定。

3. 在窗体上添加一个名称为 Label1、标题为“标签控件”的标签；一个名称为 Command1、标题为“命令按钮”的命令按钮。单击上述两个控件中的任意一个控件，则在标签 Label2 中显示所单击控件的标题内容（在标题内容前添加“单击”两个字），如图 3-7 所示是单击命令按钮后的窗体外观。

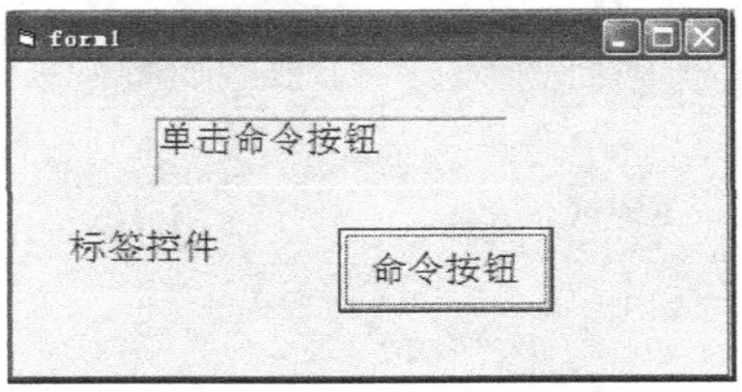

图 3-7　实验内容 3 的运行界面

提示:需要分别编写 Label1 的 Click 事件过程和 Command1 的 Click 事件过程。另外要将两部分内容连接在一起输出应使用字符串连接运算符 &,例如"河北省" & "石家庄"。

五、部分习题答案

1. 单项选择题

(1) D (2) A (3) B (4) D (5) A (6) B (7) D (8) C (9) C (10) A

(11) B (12) A (13) C (14) C (15) C

2. 填空题

(1) c=Text2.Text、Text1.Text= c

(2) r= Text1.Text、Text2.Text =l、Text3.Text=s

(3) MsgBox a+b

3. 编程题

(1)

```
Private Sub Command1_Click()
    Dim sx As Integer, yy As Integer, jsj As Integer
    sx = InputBox("请输入数学成绩:")
    yy = InputBox("请输入英语成绩:")
    jsj = InputBox("请输入计算机成绩:")
    Print "数学:"; sx; "英语:"; yy; "计算机:"; jsj;
    Print "总成绩:"; sx + yy + jsj
End Sub
```

(2)

```
Private Sub Command1_Click()
    Text1.Text = Int(Rnd * 90 + 10)
    Text2.Text = Int(Rnd * 90 + 10)
End Sub
Private Sub Command2_Click()
    Label1.Caption = Val(Text1.Text) + Val(Text2.Text)
End Sub
```

第 4 章　选择结构程序设计

本章主要介绍 If 语句和 Select 语句的语法规则和使用时应该注意的一些事项,并学会正确使用选择结构解决实际应用问题。

实验六　If-Then 语句

一、实验目的

1. 能根据题意正确书写条件表达式。
2. 掌握不同形式 If 语句的书写格式及区别。
3. 理解嵌套的 If 语句适用的场所。
4. 掌握单选按钮和复选框的使用方法。

二、预备知识

(1) 逻辑表达式中的 And、Or 和 Not 的含义。

(2) 数学算式和 Visual Basic 表达式的区别。

在 Visual Basic 表达式中不能省略乘号,函数必须加圆括号。

(3) 单行 If 语句与块结构条件语句在书写上的不同。

单行 If 语句只能实现单分支或双分支,并且必须在一行内写完。

块结构 If 语句用来实现多分支结构或语句比较长、一行不能写完的单分支或双分支语句。注意格式非常严格:必须在 Then 后换行和 Else 后换行,最后加 End If 结束语句。

(4) 嵌套 If 条件语句的简化形式。

当程序结构需要使用多分支,并且属于 Else 嵌套时,可以使用嵌套 If 语句的简化形式。在简化形式中只有一个 If 和一个 End If 语句,注意其书写格式。

(5) 单选按钮的 Value 属性和复选框的 Value 属性的取值特点。

选中单选按钮时,其 Value 属性值为 True,未选中时其 Value 属性值为 False。复选框的 Value 属性值为 1 表示被选中,0 表示未被选中,Value 属性值被设置为 2 则表示禁止使用该复选框。

三、实验示例

示例一　用输入框函数输入 3 个数,用消息框函数输出其中的最大值。

示例分析:一般从几个数中找到最大值的方法是,假设第一个数是最大值,然后将其他的各个数和最大值进行比较,若比最大值还大则更新最大值。

本示例用 Form _ Click 事件完成,代码如下:

```
Private Sub Form _ Click( )
```

```
    Dim a As Integer, b As Integer, c As Integer, max As Integer
    a = Val(InputBox("输入第一个数"))
    b = Val(InputBox("输入第二个数"))
    c = Val(InputBox("输入第三个数"))
    max = a
    If b > max Then max = b
    If c > max Then max = c
    MsgBox "最大值是" & max
End Sub
```

示例二　通过键盘在文本框中输入数字,如果输入的是非数字字符,则提示输入错误,且文本框中不显示输入的字符。

示例分析:当在文本框中输入字符时,自动触发 KeyPress 事件。所输入字符的 ASCII 值由 KeyPress 事件的 KeyAscii 参数返回。只需判断 KeyAscii 的值是否为数字字符的 ASCII 码即可。若不是数字字符,只要将 KeyAscii 参数赋值为 0,所输入的字符就不在文本框中显示了。

程序代码如下:

```
Private Sub Text1_KeyPress(KeyAscii As Integer)
    If KeyAscii > Asc("9") Or KeyAscii < Asc("1") Then
      MsgBox "请输入数字!"
      KeyAscii = 0                    '屏蔽该字符
    End If
End Sub
```

示例三　窗体上有两个标签 L1 和 L2,标题分别为“口令”和“允许次数”;一个命令按钮 C1,标题为“确定”;两个文本框名称分别为 Text1 和 Text2。其中 Text1 用来输入口令(输入时,文本框内容显示“*”),初始内容为空;Text2 的初始内容为 3。程序运行时,在 Text1 中输入口令后,单击“确定”按钮,如果输入的是“123456”,则在 Text1 中显示“口令正确”;如果输入其他内容,则单击“确定”按钮后,弹出错误提示对话框(如图 4-1 所示),并且 Text2 中的数字减 1。最多可输入 3 次口令,若 3 次都输入错误,则禁止再次输入。运行界面如图 4-1 所示。

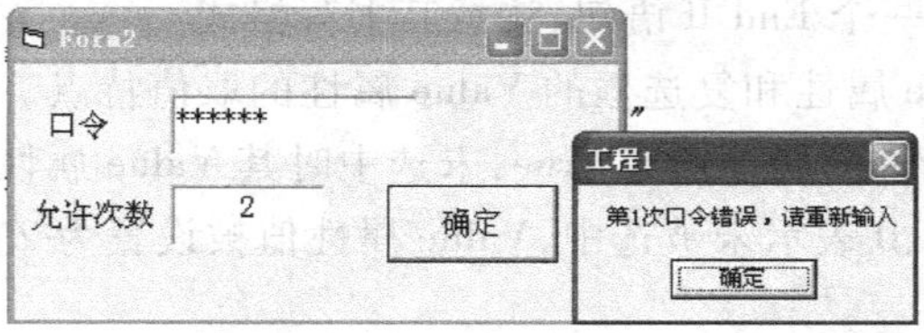

图 4-1　示例三的运行界面

示例分析:本示例采用双分支的 If 语句来实现。单击命令按钮后,若密码正确,则在 Text1 中显示正确的密码,这时,要把 Text1 的 PasswordChar 属性设置为空,以便显示文字,否则仍显示为一串 * 字符。若密码不正确,则文本框 Text2 中的允许次数减 1,那么已经输入密码次数为 3-Text2.Text。如果 Text2.Text 变为 0,则说明密码输入次数已够,应该把文本框 Text1 屏蔽,把

Text2. Enabled 属性赋值为 False。根据题意,属性设置如表 4-1 所示。

表 4-1 示例三属性设置表

对象名称	属性名	属性值
标签 1	Name	L1
	Caption	口令
文本框 1	Password char	*
	Text	空白
命令按钮 1	Name	C1
	Caption	确定
标签 2	Name	L2
	Caption	允许次数
文本框 2	Text	3

命令按钮 C1 的单击事件过程代码如下:

```
Private Sub C1 _ Click( )
    If Text1. Text = "123456" Then
        Text1. Text = "口令正确"
        Text1. PasswordChar = ""
    Else
       Text2. Text = Val( Text2. Text) - 1
       If Text2. Text > 0 Then
        MsgBox "第" & (3 - Text2. Text) & "次口令错误,请重新输入"
        Else
            MsgBox "3 次输入错误,请退出"
            Text1. Enabled=False
            Text2. Enabled=False
        End If
    End If
End Sub
```

示例四 程序实现的功能是,运行程序后,如果选中一个或两个复选框和一个单选按钮,则对文本框中的文本内容作相应的设置,如图 4-2 所示。编写适当的事件过程,实现上述功能。

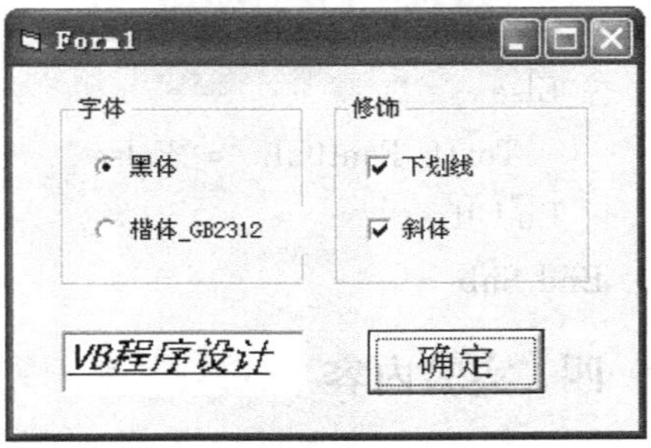

图 4-2 示例四的运行界面

示例分析:字体由 FontName 属性设置,下画线属性是 FontUnderLine,斜体属性是 FontItalic。若选中某个单选按钮,则其 Value 属性为 True。若选中复选框,则其

Value 属性为 1。

界面设计:在窗体上添加两个框架控件,两个单选按钮,两个复选框,一个文本框和一个命令按钮。所添加的各个控件的属性设置如表 4-2 所示。

表 4-2　示例四属性设置

对象名	属性	属性值
Frame1	Caption	字体
Frame2	Caption	修饰
Option1	Caption	黑体
Option2	Caption	楷体_ GB2312
Check1	Caption	下画线
Check2	Caption	斜体
Command1	Caption	确定
Text1	Text	VB 程序设计

Command1 _ Click 事件过程的代码如下:

```
Private Sub Command1 _ Click( )
  If Option1. Value = True Then
    Text1. FontName = "黑体"
  Else
    Text1. FontName = "楷体_ GB2312"
  End If
  If Check1. Value = 1 Then
    Text1. FontUnderline = True
  Else
    Text1. FontUnderline = False
  End If
  If Check2. Value = 1 Then
    Text1. FontItalic = True
  Else
    Text1. FontItalic = False
  End If
End Sub
```

四、实验内容

1. 程序运行时如图 4-3 所示,单击“通话开始”按钮,则在 Text1 中累加通话时间(每隔 1 s, Text1 的数加 1);单击“通话结束”按钮,则停止通话时间的累加;单击“计算通话费”按钮,则在

Text2 中显示通话费用。计费方法如下：若通话事件小于等于 18 s，则通话费用为 0.5 元；若超过 18 s，则超出部分按每秒 0.15 元计算。

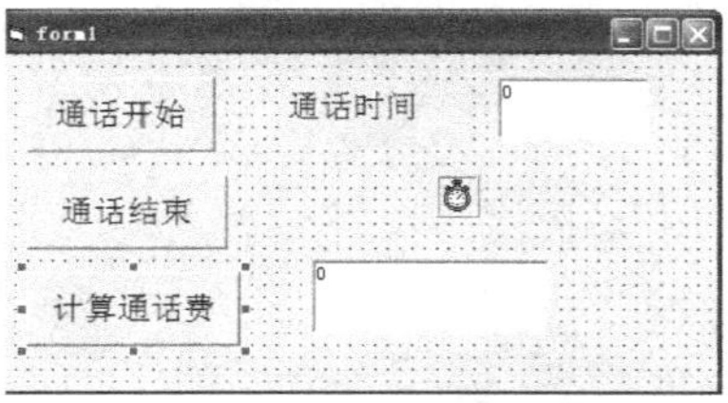

图 4-3　实验内容 1 的界面

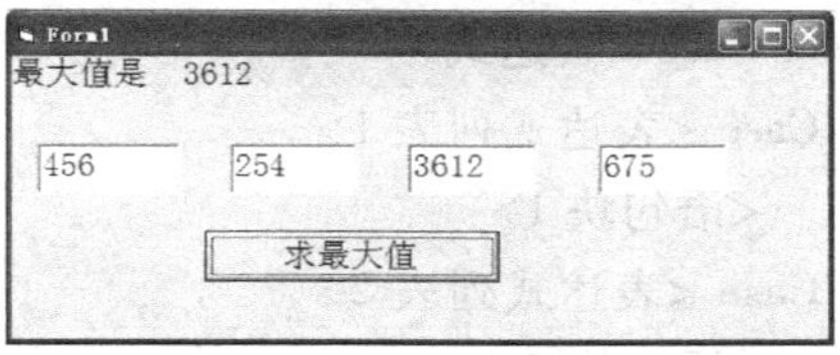

图 4-4　实验内容 2 的界面

2. 程序运行后，在 4 个文本框中各输入一个整数，然后单击“求最大值”按钮即可求出它们的最大值，并显示在窗体上（如图 4-4 所示）。

3. 在名称为 Form1 的窗体上添加一个名称为 Text1 的文本框；添加两个标题分别为“对齐方式”、“字体”，名称分别为 Frame1、Frame2 的框架；在 Frame1 框架中添加 3 个单选按钮，标题分别为“左对齐”、“居中”、“右对齐”，名称分别为 Option1、Option2、Option3；在 Frame2 框架中添加两个单选按钮，标题分别为“宋体”、“黑体”，名称分别为 Option4、Option5。

要求：编写 5 个单选按钮的 Click 事件过程，程序运行时，选中这些单选按钮，可以对文本框中的内容进行相应的操作（如图 4-5 所示）。

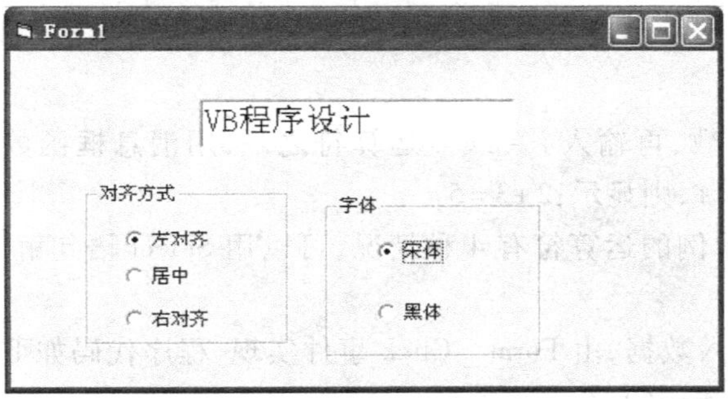

图 4-5　实验内容 3 的界面

注意：要求在程序中不得使用变量，在每个事件过程中只能写一条语句。

实验七　Select Case 语句

一、实验目的

1. 学会用选择结构程序设计方法解决实际应用问题。
2. 了解 Select Case 语句的结构。
3. 熟练掌握 Select Case 语句的使用方法。

二、预备知识

1. Select Case 语句的格式

```
Select Case <表达式>
   Case <表达式列表 1>
      <语句块 1>
   Case <表达式列表 2>
      <语句块 2>
   …
   Case <表达式列表 n>
      <语句块 n>
   [Case Else]
      <语句块 n+1>
End Select
```

2. 表达式列表的几种形式

(1) 表达式 1 ,表达式 2,…表达式 n

(2) 表达式 1 To 表达式 2

(3) Is <关系表达式>

三、实验示例

示例一　输入两个数,再输入+ - * /运算符之一,用消息框函数显示该表达式及运算结果。例如,输入 2　3　+,则显示:2+3=5。

示例分析:因为该示例的运算符有 4 种情况,可以用 Select 语句解决问题,所测试的表达式就是输入的运算符。

假设用 InputBox 输入数据,由 Form _ Click 事件实现,程序代码如下:

```
Private Sub Form _ Click( )
  Dim a As Single, b As Single, c As Single, fh As String
  a = Val(InputBox("输入第一个数"))
  b = Val(InputBox("输入第二个数"))
  fh = InputBox("输入运算符")
  Select Case fh
     Case "+"
        c = a + b
     Case "-"
        c = a - b
     Case "*"
        c = a * b
     Case "/"
```

```
        If b<>0 Then   c = a/b Else MsgBox "除数不能为 0"
    End Select
    MsgBox a & fh & b & " = " & c
End Sub
```

示例二　程序运行时，在文本框中每输入一个字符，则立即判断：若是小写字母，则将它的大写形式显示在标签 Label1 中；若是大写字母，则把它的小写形式显示在 Label1 中；若是其他字符，则将该字符直接显示在 Label1 中。输入的字母总数则显示在标签 Label2 中，界面如图 4-6 所示。

示例分析：在文本框中每输入一个字符，就会自动触发文本框的 Change 事件，可以通过该事件实现题目要求的功能。另外，要统计输入的字符个数，需要在窗体通用声明处定义一个变量 n 来记录输入的字符个数。每次输入的字符假设在文本框的最右边，即依次往后输入，这样每次输入的字符就可用 Right(Text1.Text,1)取出来。

图 4-6　示例二的界面

程序代码如下：

```
Dim n As Integer
Private Sub Text1 _ Change( )
    Dim ch As String
    ch = Right(Text1.Text, 1)
    Select Case ch
      Case "a" To "z"
        n = n + 1
        Label1.Caption = UCase(ch)
      Case "A" To "Z"
        Label1.Caption = LCase(ch)
        n = n + 1
      Case Else
        Label1.Caption = ch
    End Select
    Label2.Caption = n
End Sub
```

四、实验内容

1. 输入一个学生的百分制成绩，输出他的成绩等级。成绩等级划分如下：90 分以上为“A”，80 ~ 89 分为“B”，70 ~ 79 分为“C”，60 ~ 69 分为“D”，低于 60 分为“E”。

2. 输入学生的等级，输出该等级所对应的分数范围，等级划分方法同上题。

五、部分习题答案

1. 选择题

(1) B (2) C (3) A (4) B (5) C (6) D (7) D (8) B (9) A (10) A (11) C (12) D

2. 填空题

(1) D、C (2) C、D (3) B (4) A (5) z=100、z=0、z=12

4. 编程题

(3) 税务部门征收个人所得税,规定如下:个人收入在 1 000 元以下,免征个人所得税;收入在 1 500 元以内,超出 1 000 元部分纳税 3%;收入在 5 000 元以内,超出 1 500 元的部分纳税 5%;当收入达到或超过 5 000 元时,超出部分将税金 5% 改为 10%。

```
Private Sub Command1 _ Click( )
Dim a As Single, b As Single
a = Val(Text1. Text)
If a > 5000 Then
   b = 500 * 0.03 + 3500 * 0.05 + (a-5000) * 0.1
ElseIf a > 1500 Then
   b = 500 * 0.03 + (a - 1500) * 0.05
ElseIf a > 1000 Then
   b = (a - 1000) * 0.03
Else
   b = 0
End If
Text2. Text = Str(b)
End Sub
```

(5) 输入任意 3 个数 a、b、c,将其作为三角形的 3 条边。如果能构成三角形,求该三角形的周长;如果能构成直角三角形,求该直角三角形的面积。

```
Private Sub Command1 _ Click( )
Dim s As Single
a = Val(Text1. Text)
b = Val(Text2. Text)
c = Val(Text3. Text)
Label1. Caption = ""
Label2. Caption = ""
If ((a + b) > c And (a + c) > b And (b + c) > a) Then
  d = a + b + c
  Label1. Caption = "三角形的周长为:" & d
  If a ^ 2 + b ^ 2 = c ^ 2 Or b ^ 2 + c ^ 2 = a ^ 2 Or a ^ 2 + c ^ 2 = b ^ 2 Then
```

```
        s = (a + b + c) * 0.5
        s1 = s * (s - a) * (s - b) * (s - c)
        s = Sqr(s1)
        Label2.Caption = "直角三角形的面积为:" & s
    End If
    Else
     Label1.Caption = "三角形不成立"
    End If
    End Sub
```

第5章　循环结构程序设计

本章主要介绍利用 Visual Basic 解决循环结构问题所采用的几种循环语句及使用时需要注意的问题，让读者学会根据不同的需求正确选择合适的循环控制语句。

实验八　Do-Loop 循环

一、实验目的

1. 掌握循环的基本概念，理解循环三要素。
2. 掌握 Do-Loop 循环语句的格式，了解前测型和后测型 Do-Loop 循环语句的区别。
3. 学会使用 Do-Loop 循环语句解决实际问题。

二、预备知识

1. 循环概念和实现循环的三要素

循环是指在一定的条件下一组语句重复执行的过程。

循环三要素是：循环的初始条件、循环体实现的功能和循环结束的条件。

2. While 和 Until 的区别

While 后面的表达式为真则执行循环；而 Until 后面的表达式为真则结束循环。

3. 前测型和后测型的区别

前测型循环是先判断循环条件，若满足循环执行条件则进入循环体，否则退出循环。采用这种形式时若循环变量初始值不满足循环条件，则循环一次也不执行。

后测型循环是先执行循环体，再判断循环执行条件，所以循环体至少执行一次。

使用 Do-Loop 循环语句时，注意在循环体中需要改变循环变量的值，以便能结束循环。

三、实验示例

示例一　程序运行后，单击命令按钮，即可计算出 1 ~ 1 000 范围内不能被 7 整除的整数的个数，并在文本框中显示出来。其运行界面如图 5-1 所示。

示例分析：因为要找出 1 000 以内所有满足条件的数，需要对 1 000 以内的每个数进行判断处理，所以应该使用循环结构。

根据循环语句三要素，循环变量初始值为 1，循环体的功能是对每个循环变量进行判断处理，循环结束条件是循环变量值大于 1 000。

代码如下：

```
Private Sub Command1_Click( )
    Dim n As Integer, i As Integer
```

```
    i = 1
    n = 0
    Do While i <= 1000
      If i Mod 7 <> 0 Then n = n + 1    '统计不能被 7 整除的数
      i = i + 1
    Loop
    Text1.Text = n
End Sub
```

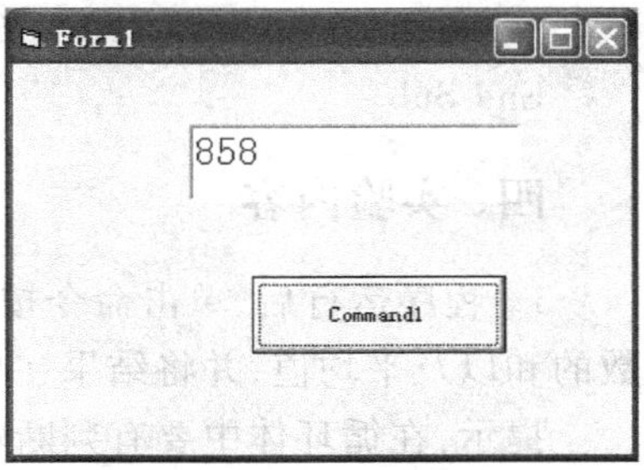

图 5-1 示例一的界面

示例二 编程求两个正整数的最小公倍数。要求运行后单击命令按钮,用 InputBox 函数输入数据,用 MsgBox 函数输出数据。假如输入的是 15 和 25,则消息框输出如图 5-2 所示。

示例分析:假设两个正整数用 a 和 b 表示,求最小公倍数的方法是,从它们中的较大者开始找出能同时被它们两个整除的数,如果不满足则加 1,直到满足条件为止。

图 5-2 示例二的界面

程序代码如下:

```
Private Sub Command1_Click( )
  Dim n As Integer, a As Integer, b As Integer
  a = Val(InputBox("输入一个正整数"))
  b = Val(InputBox("输入另一个正整数"))
  If a > b Then n = a Else n = b
  Do Until n Mod a = 0 And n Mod b = 0
    n = n + 1
  Loop
  MsgBox a & " 和" & b & "的最小公倍数是 " & n
End Sub
```

示例三 编程实现如下功能:单击命令按钮求 1 到 n 的和,直到和大于 200 为止,在标签中输出 n 以及和 s。运行界面如图 5-3 所示。

示例分析:循环变量初始值为 1,采用 Until 循环语句,循环结束条件是和大于 200。

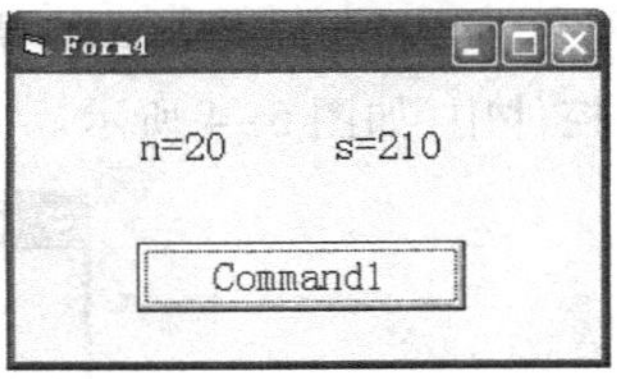

图 5-3 示例三的界面

命令按钮单击事件代码如下:

```
Private Sub Command1_Click( )
  Dim n As Integer, s As Integer
  n = 0
  s = 0
  Do
    n = n + 1
    s = s + n
  Loop Until s > 200
```

```
    Label1.Caption = "n=" & n & Space(5) & "s=" & s
End Sub
```

四、实验内容

1. 程序运行后,单击命令按钮通过键盘输入若干正整数,直到输入负数为止,计算所有正整数的和以及平均值,并将结果在标签控件上输出。

提示:在循环体中要有判断输入数据是否为负数的语句,否则会出现死循环。

2. 随机产生10个100以内的整数,统计并输出奇数和偶数的个数。

实验九 For-Next循环

一、实验目的

1. 熟练掌握For-Next循环语句的格式。
2. 理解For循环适用的场所及其与Do-Loop循环的区别。
3. 理解For循环结束的条件。
4. 掌握ListBox列表框和ComboBox组合框控件的应用。

二、预备知识

1. For循环应用于循环变量初值、终值和步长已知的情况。
2. 循环结束条件是循环变量超过终值。

"超过"的含义是:当步长为正数时循环变量值大于终值为"超过",而当步长为负数时循环变量小于终值为"超过"。

3. 列表框的几个常用属性和方法(参考主教材的相关内容)。

三、实验示例

示例一 程序的功能是通过键盘向文本框中输入大、小写字母和数字。单击"统计"命令按钮,分别统计输入字符串中大写字母、小写字母及数字字符的个数,并将统计结果分别显示在标签控件中,如图5-4所示。

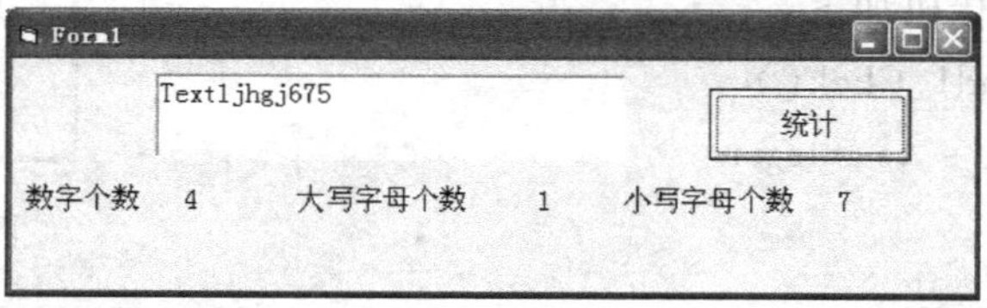

图5-4 示例一的界面

示例分析:文本框中的字符串长度由Len(Text1.Text)函数获得。从字符串中取出每个字符用Mid(Text1.Text,i,1)函数实现。

界面设计:在窗体上添加 6 个标签控件、1 个文本框控件和 1 个命令按钮,它们的属性设置如表 5-1 所示。

表 5-1 示例一的属性设置

对象名	属性名	属性值
Text1	Text	空白
Label1	Caption	数字个数
Label2	Caption	空白
	BorderStyle	1
Label3	Caption	大写字母个数
Label4	Caption	空白
	BorderStyle	1
Label5	Caption	小写字母个数
Label6	Caption	空白
	BorderStyle	1
Command1	Caption	统计

命令按钮单击事件过程的代码如下:

```
Private Sub Command1_Click( )
    Dim n As Integer, b As String
    Dim numsz As Integer, numdx As Integer, numxx As Integer
    n = Len(Text1.Text)
    For i = 1 To n
        b = (Mid(s, i, 1))
        Select Case b
            Case "0" To "9"
                numsz = numsz + 1
            Case "A" To "Z"
                numdx = numdx + 1
            Case "a" To "z"
                numxx = numxx + 1
        End Select
    Next i
    Label2.Caption = numsz
    Label4.Caption = numdx
    Label6.Caption = numxx
End Sub
```

示例二 窗体上有两个名称分别为 List1、List2 的列表框控件，两个名称分别为 Command1、Command2，标题分别为“>>”、“<<”的命令按钮。在 List1 中添加“文本框”、“标签”、“列表框”、“单选按钮”选项，如图 5-5 所示。

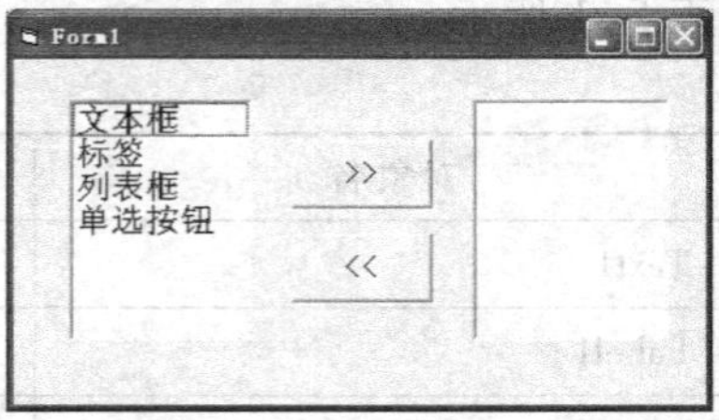

图 5-5 示例二的界面

程序的功能是：单击“>>”按钮，将 List1 中的选项添加到 List2 中，同时将 List1 中的选项清空；单击“<<”按钮，将 List2 中的选项逆序添加到 List1 中，同时将 List2 中的选项清空。

分析：列表框中的选项数由 ListCount 属性返回，列表项的内容由 List 属性返回，该属性为一个数组。在列表框中添加选项的方法是使用 AddItem 属性，列表框清空方法是使用 Clear 属性。

根据本题要求，应先将一个列表框中的所有选项内容添加到另一个列表框中，之后再清除这些选项。

程序代码如下：

```
Private Sub Form_Load( )
    List1. AddItem "文本框"
    List1. AddItem "标签"
    List1. AddItem "列表框"
    List1. AddItem "单选按钮"
End Sub
Private Sub Command1_Click( )
Dim i As Integer
For i = 0 To List1. ListCount - 1
    List2. AddItem List1. List(i)
Next
List1. Clear
End Sub
Private Sub Command2_Click( )
Dim i As Integer
For i = List2. ListCount - 1 To 0 Step -1
    List1. AddItem   List2. List(i)
Next
List2. Clear
End Sub
```

示例三 随机产生 30 个 0 ~ 1 000 范围内的整数，输出其中的最大值。程序运行界面如图 5-6 所示，单击命令按钮（名称为 Command1，标题为“输出最大值”），即可求出其最大值，并显示在窗体上。

图 5-6 示例三的界面

示例分析：因为这 30 个数中的最小值是 0，所以可以把最大值的初始值设置为最小值 0,然后将每一个数和最大值进行比较,若比最大值还大,则更新最大值。

程序代码如下:

```
Private Sub Command1_Click( )
  Dim i As Integer, max As Integer, num As Integer
  max = 0
  For i = 1 To 30
    num = Int(Rnd * 1001)
    If num > max Then max = num
  Next
  Print "max="; max
End Sub
```

示例四 在窗体上添加一个组合框,名称为 cb1,并输入 3 个列表项:3、7、11(列表项的顺序不限,但必须是这 3 个数字);添加一个名为 Text1 的文本框;再添加一个标题为“计算”、名称为 C1 的命令按钮,如图 5-7 所示。编写适当的事件过程,程序运行时,在组合框中选择一个数字后,单击“计算”按钮,则计算 1 000 以内能够被该数整除的所有数之和,并放入 Text1 中。

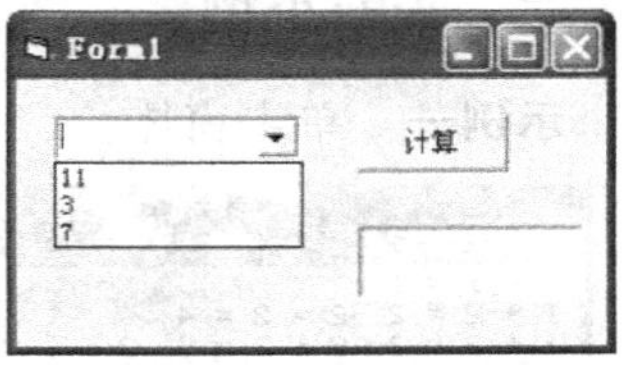

图 5-7 示例四的运行界面

示例分析:在组合框中选择的选项是组合框的 Text 属性值。

界面设计:在窗体上先添加一个组合框,修改 Name 属性为 cb1,并通过“属性”窗口将 11、3、7 作为选项添加到组合框的 List 属性中。然后添加一个文本框 Text1,Text 属性清空。最后添加一个命令按钮,将 Name 属性修改为 C1,Caption 属性修改为“计算”。

程序代码如下:

```
Private Sub C1_Click( )
  Dim i As Integer, num As Integer, n As Integer
  n = Cb1.Text
  For i = 1 To 1000
     If i Mod n = 0 Then num = num + 1
  Next
  Text1.Text = num
End Sub
```

四、实验内容

1. 输入一个正整数,判断该数是否为素数,若是则输出“Yes”,否则输出“No”。

2. 在窗体上添加一个列表框和一个文本框,并在列表框中添加 4 个选项,分别是 20、30、40、50,运行后单击列表框中的某个选项,则在文本框中显示 1 到该数的和。例如单击“30”这个选项,则在文本框中输出 1 到 30 的和。

3. 程序运行后,单击命令按钮,通过键盘输入一个正整数,在窗体上显示该数的阶乘值。

实验十　循环嵌套

一、实验目的

1. 了解循环嵌套的应用场合，理解内外循环不允许交叉的含义。
2. 学会用循环嵌套结构解决实际问题。

二、预备知识

1. 循环嵌套时，内外循环可以采用不同的循环结构，但是不能采用相同的循环变量。
2. 循环的中途退出语句 Exit Do、Exit For 的使用。

三、实验示例

示例一　单击窗体，在窗体上输出乘法口诀表，运行界面如图 5-8 所示。

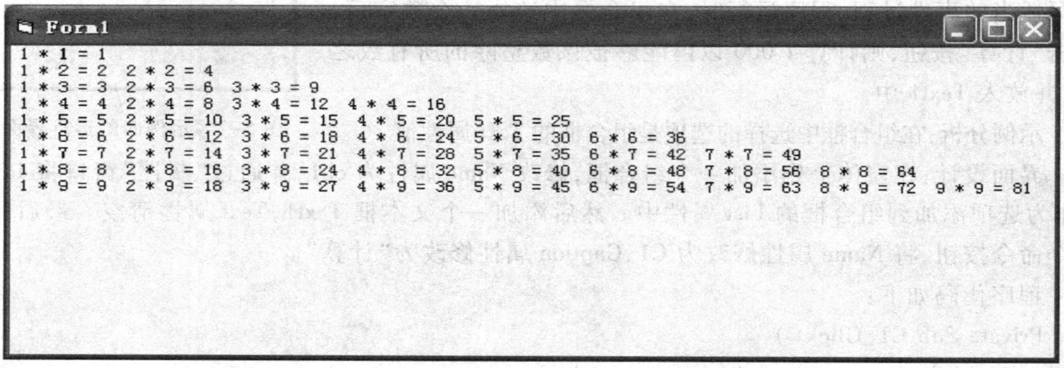

图 5-8　示例一的运行界面

示例分析：因为一共有 9 行，每行有若干个式子，所以采用双重循环。外循环控制行，内循环控制每一行的输出项数。

程序代码如下：

```
Private Sub Form_Click( )
    Dim i As Integer, j As Integer
    For i = 1 To 9
        For j = 1 To i
            Print j; " * "; i; " ="; j * i;
        Next j
        Print    '换行
    Next i
End Sub
```

示例二　程序运行时,单击窗体则显示如图 5-9 所示的图案。

示例分析:将窗体上的菱形看做由两个三角形组成。假设用 i 代表行号,对于上面的三角形 i 的取值为 1 ~5,每行的第一个 * 的输出位置为 $6-i$,即中心线在第 5 列。每行的 * 的个数为 $2i-1$。依此类推,输出后面的 4 行。

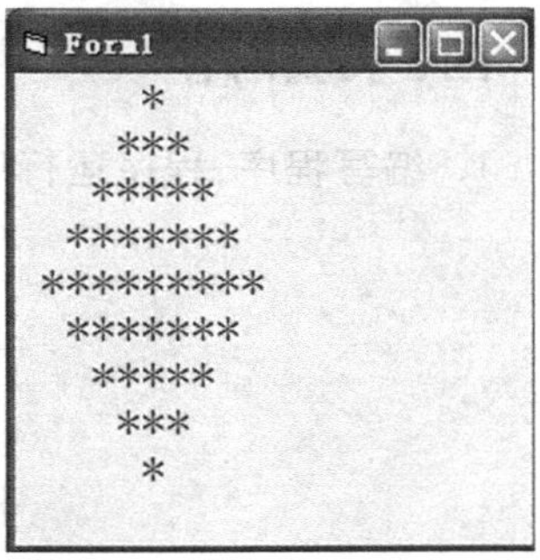

图 5-9　示例二的运行界面

窗体单击事件过程的代码如下:

```
Private Sub Form_Click( )
    For i = 1 To 5
        Print Tab(6-i+1);
        For  j = 1 To 2 * i-1
            Print " * ";
        Next j
        Print
    Next i
    For i = 1 To 4
        Print Tab(2+i);
        For j = 1 To 2 * (4-i)+1
            Print " * ";
        Next j
        Print
     Next i
End Sub
```

示例三　运行后,单击窗体,在窗体上输出 30 以内的所有素数。

示例分析:因为判断一个数是否为素数需要使用循环结构,而要判断 30 以内的素数有哪些,则需要采用双重循环结构。

程序代码如下:

```
Private Sub Form_Click( )
    Dim n As Integer, tag As Boolean, i As Integer
    For n = 2 To 30
        tag = True
        For i = 2 To Sqr(n)
          If n Mod i = 0 Then
            tag = False
            Exit For
          End If
        Next i
        If tag = True Then Print n;
    Next n
```

```
End Sub
```

四、实验内容

1. 编写程序,程序运行后,单击窗体可在窗体上输出如图 5-10 所示的内容。

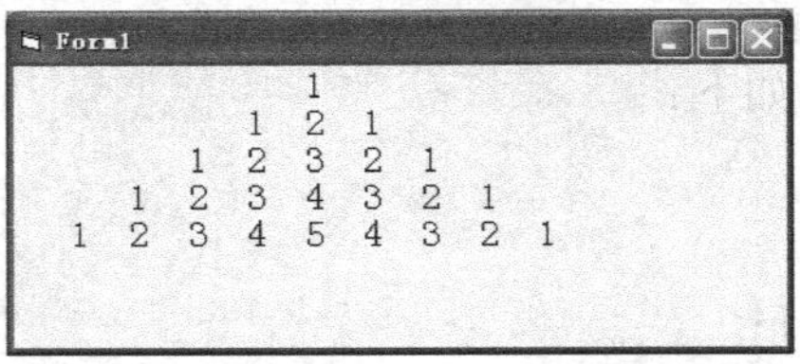

图 5-10 实验内容 1 的运行界面

2. 编写一段程序,程序运行后在窗体上输出一个由“ * ”组成的等腰三角形图案。

实验十一 常用算法

一、实验目的

1. 掌握穷举、迭代、递推等常用算法的用法。
2. 学会用穷举、迭代和递推等算法解决实际问题。

二、预备知识

1. 穷举法

穷举法是指从可能的集合中一一枚举各个元素,用题目给定的约束条件判定哪些是符合条件的,哪些是不符合条件的。能使命题成立的就是问题的解。

采用穷举算法解题的基本思路如下。

(1) 确定穷举对象、穷举范围和判定条件。

(2) 一一枚举可能的解,验证是否是问题的解。

2. 递推算法

递推算法是一种简单的算法,即通过已知条件,利用特定关系得出中间推论,直至得到结果的算法。递推算法分为顺推法和逆推法两种。

(1) 顺推法

所谓顺推法是指从已知条件出发,逐步推算出要解决的问题的方法。

如斐波拉契数列,设其对应的函数为 $f(n)$,已知 $f(1)=1$;$f(2)=1$; $f(n)=f(n-2)+f(n-1)$ $(n\geqslant 3, n\in \mathrm{N})$,则通过顺推法可以知道,$f(3)=f(1)+f(2)=2$,$f(4)=f(2)+f(3)=3$……直至得到要求的解。

(2) 逆推法

所谓逆推法是指从已知问题的结果出发,用迭代表达式逐步推算出问题的开始条件,即顺推法的逆过程,称为逆推。例如,猴子吃桃问题。

3. 迭代算法

利用迭代算法解决问题,需要做好以下3个方面的工作。

(1) 确定迭代变量。在可以用迭代算法解决的问题中,至少存在一个不断直接或间接地由旧值递推出新值的变量,这个变量就是迭代变量。

(2) 建立迭代关系式。所谓迭代关系式,是指从变量的前一个值推出其下一个值的公式(或关系)。迭代关系式的建立是解决迭代问题的关键,通常可以使用递推的方法来完成。

(3) 对迭代过程进行控制。在什么时候结束迭代过程,这是编写迭代程序必须考虑的问题,不能让迭代过程无休止地重复执行下去。迭代过程的控制通常可分为两种情况:一种是所需的迭代次数是一个确定的值,可以计算出来;另一种是所需的迭代次数无法确定。对于前一种情况,可以构建一个固定次数的循环来实现对迭代过程的控制;对于后一种情况,需要进一步分析出用来结束迭代过程的条件。

例如,设有一个 N 阶楼梯,它可以一次走1阶、2阶或3阶,求某人从最低层开始走完全部楼梯有多少种走法?

$N=1$　$f(1)=1$:　1

$N=2$　$f(2)=2$:　1 1、2

$N=3$　$f(3)=4$:　1 1 1、1 2、2 1、3

$N=4$　$f(4)=7$:　1 1 1 1、1 1 2、1 2 1、2 1 1、2 1 2、1 3、3 1

由此可以得到迭代规律:$f(n)=f(n-1)+f(n-2)+f(n-3)$。

三、实验示例

示例一　百钱买百鸡问题:有一个人有100块钱,打算买100只鸡。到市场一看,公鸡一只3元,母鸡一只5元,小鸡3只1元,试求用100元买100只鸡,公鸡、母鸡、小鸡各为多少只才合适?单击命令按钮后程序运行界面如图5-11所示。

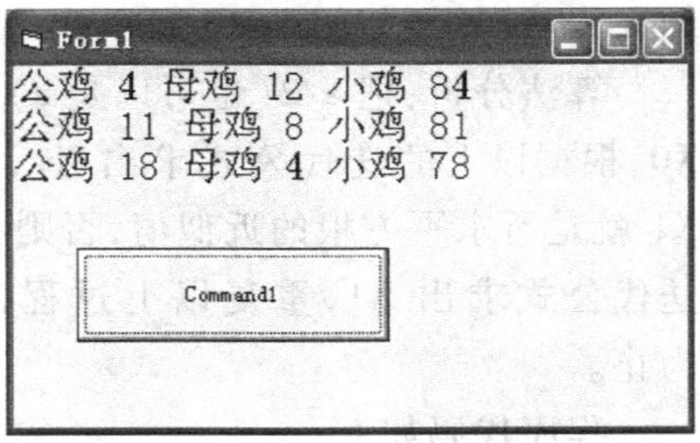

图5-11　示例一的运行界面

示例分析:此题很显然采用的是穷举法,以3种鸡的个数为枚举对象(分别设为cock、hen、chick),以3种鸡的总数(cock+hen+chick)和买鸡用去的钱的总数(COCKPRICE * cock+HENPRICE * hen+chick/CHICKS)为判定条件,枚举各种鸡的个数。

程序代码如下:

```
Private Sub Command1_Click( )
    Dim chick As Integer, hen As Integer, cock As Integer
    For cock = 1 To 33
        For hen = 1 To 20
          chick = 100 - cock - hen
          If 3 * cock+5 * hen+chick / 3 = 100 Then
            Print "公鸡"; cock; "母鸡"; hen; "小鸡"; chick
            End If
```

```
        Next hen
    Next cock
End Sub
```

示例二 求斐波那契数列的第 n 项。已知,$f(1)=1$;$f(2)=1$;$f(n)=f(n-2)+f(n-1)$ $(n\geqslant 3, n\in N)$。单击命令按钮,输入 n 值,在标签中输出第 n 项的值。运行界面如图5-12所示。

示例分析:因为第 n 项的递推公式已经给出了,按照递推算法的求解过程编写代码如下:

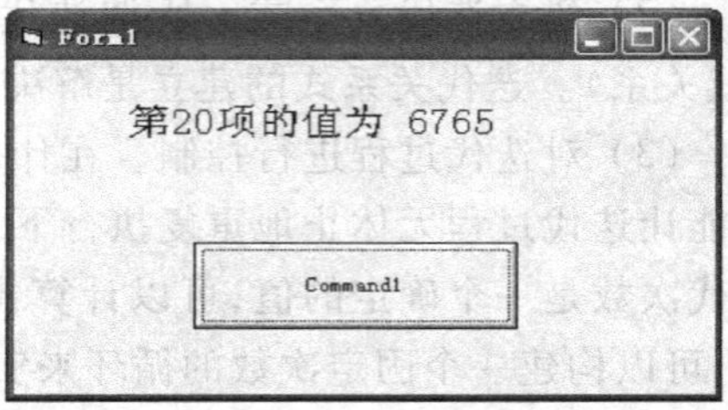

图5-12 示例二的运行界面

```
Private Sub Command1_Click( )
    Dim n As Integer, f1 As Double, f2 As Double, f As Double, i As Integer
    n = Val(InputBox("请输入 n 的值"))
    f1 = 1
    f2 = 1
    For i = 3 To n
      f = f1+f2
      f1 = f2
      f2 = f
    Next
    Label1.Caption = "第" & n & "项的值为 " & f
End Sub
```

示例三 利用迭代法求 a 的平方根的近似值。迭代的数学展开式为:Xn+1=(Xn+a/Xn)/2。

要求前后两次求出的 X 的差的绝对值小于 10^{-3}。程序运行后,单击命令按钮在标签中显示结果,运行界面如图5-13所示。

算法分析:把 a/2(也可以是 a)作为 X 的初始近似值 X0,根据以上的迭代公式求出 X1,若 $|X1-X0|<10^{-4}$,则 X1 就是所求平方根的近似值;否则将 X1 赋给 X0,再根据迭代公式求出 X1,重复以上过程,直到 $|X1-X0|<10^{-3}$ 为止。

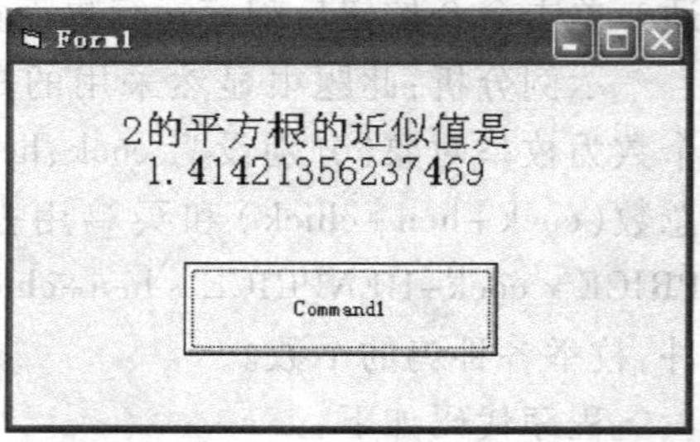

图5-13 示例三的运行界面

程序代码如下:

```
Private Sub Command1_Click( )
    Dim X0 As Double, X1 As Double, a As Double
    a = Val(InputBox("输入 a 的值"))
    If a < 0 Then Exit Sub
    X1 = a
    Do
      X0 = X1
      X1 = (X0+a / X0) / 2
```

```
    Loop Until Abs(X1 -X0) < 0.001
    Label1.Caption = a & "的平方根的近似值是  " & X1
End Sub
```

四、实验内容

1. 5 猴分桃:5 只猴子一起摘了一堆桃子,因为太累了,它们商量决定,先睡一觉再分。一会儿其中的一只猴子来了,它见别的猴子没来,便将这堆桃子平均分成 5 份,结果多了一个,就将多的这个吃了,并拿走其中的一份。一会儿,第 2 只猴子来了,它不知道已经有一个同伴来过,还以为自己是第一个到的,于是将地上的桃子堆起来,再一次平均分成 5 份,发现也多了一个,同样吃了这 1 个,并拿走其中一份。接着来的第 3 只、第 4 只、第 5 只猴子都是这样做的。根据上面的条件,问这 5 只猴子至少摘了多少个桃子? 第 5 只猴子走后还剩下多少个桃子?

算法分析:假设总的桃子数为 S0,5 只猴子分得的桃子数分别为 S1、S2、S3、S4、S5,则有以下关系式:S0=5 · S1+1;4 · S1=5 · S2+1;4 · S2=5 · S3+1;4 · S3=5 · S4+1;4 · S4=5 · S5+1。

提示:

(1) 可以枚举桃子总数 S0,从 5 开始直到满足条件,此时 S0 的值就是最少的总桃子数。

(2) 运行结果应该是至少摘了 3 121 个桃子,剩下 765 个桃子。

2. 编写一个程序,其功能是产生并显示一个数列的前 n 项。数列产生的规律是:数列的前两项是小于 10 的正整数,将这两个数相乘,若乘积<10,则以此乘积作为数列的第 3 项;若乘积≥10,则以乘积的十位数作为数列的第 3 项,以乘积的个位数作为数列的第 4 项。再将数列的最后两项相乘,用上述规则形成后面的项,直至产生第 n 项。窗体上部从左到右 3 个文本框的名称分别为 Text1、Text2、Text3,窗体下部的文本框名称为 Text4。程序运行时,在 Text1、Text2 中输入数列的前两项,在 Text3 中输入要产生的项数 n,单击“计算”按钮则产生此数列的前 n 项,并显示在 Text4 中,如图 5-14 所示。

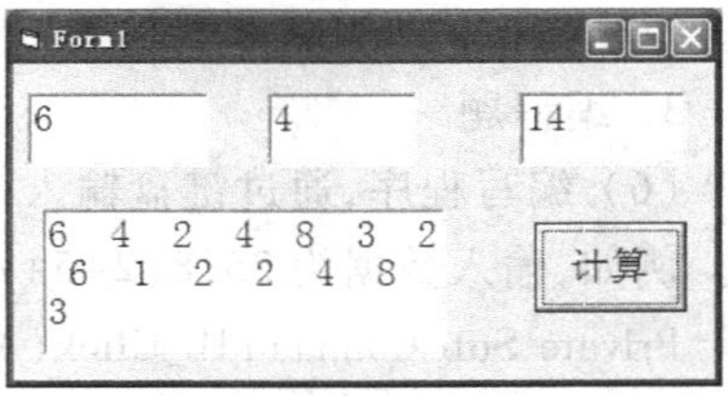

图 5-14　实验内容 2 的运行界面

把程序中的? 改为正确的内容,以满足题目要求。

```
Private Sub Command1_Click()
    Dim a As Integer, b As Integer, n As Integer, k As Integer, c As Double
    Text4 = ""
    a = Val(Text1)
    b = Val(Text2)
    n = Val(Text3)
    Text4 = Text4 & a & "  " & ?
    k = 2
    Do While k < n
        c = a * b
        k = k+1
        If c < 10 Then
            Text4 = Text4 & "  " & c
```

```
            a = ?
            b = c
        Else
            d = c\10
            Text4 = Text4 & "   " & d
            a = d
            k = k+1
            If k <= ? Then
                d = c Mod 10
                Text4 = Text4 & " " & d
                ? = d
            End If
        End If
    Loop
End Sub
```

五、部分习题答案

1. 选择题

(1) C (2) B (3) D (4) C (5) C (6) C (7) A (8) B (9) D (10) D

2. 填空题

(1) t=-1、100、t (2) n=1、i、j、1/n (3) i、j、sum2

(4) sum2=0 、10^i、i=i+1、n (5) Int(Rnd * 991+10) 、x Mod 3=0

(6) Len(s) 、Mid(s,i,1) (7) x>=0 、i=i+1 (8) n、List2. AddItem x

3. 编程题

(6) 编写程序,通过键盘输入一个正整数 n,计算该数各位数字之和,并将结果显示在标签中。例如,输入数据为2578(2+5+7+8=22)。

```
Private Sub Command1_Click()
    Dim n As String, L As Integer, i As Integer, s As Integer, m As Integer
    n = InputBox("请输入数值:")
    L = Len(n)
    For i = 1 To L
        s = Val(Mid(n, i, 1))
        m = m+s
    Next i
    Label2. Caption = n
    Label4. Caption = m
End Sub
```

(8) 一个球从5 m高处落下,其每次反弹的高度是前一次下落高度的1/2,编程计算球第8

次落地时运动的总行程。

```
Private Sub Command1_Click( )
    Dim n As Double, m As Double
    n = 5
    For i = 1 To 8
      m = m+n
      n = n / 2
    Next i
    Debug. Print m
End Sub
```

(10) 有 36 块砖,36 人搬,男人一次搬 4 块,女人一次搬 3 块,小孩两人抬一砖,要求一次搬完,问男、女、小孩各需多少?

```
Private Sub Command1_Click( )
    Dim x As Integer, y As Integer, z As Integer
    For x = 1 To 6
       For y = 1 To 12
         z = 36 - x - y
         If 4 * x+3 * y+1 / 2 * z = 36 Then
           Debug. Print "男:"; x, "女:"; y, "小孩:"; z
         End If
    Next y, x
End Sub
```

(11) 在窗体的文本框中输入一段英文,单击“插入”按钮,将文本框中英文句子的所有单词分别列在列表框中。程序运行界面如图 5-15 所示。

程序代码如下:

```
Private Sub Command1_Click( )
    Dim st As String, word As String, c As String
    st = Text1. Text
    n = Len(st)
    For k = 1 To n
        c = Mid(st, k, 1)
        If c <> " " Then
            word = word & c
        Else
            List1. AddItem word
            word = ""
        End If
    Next
```

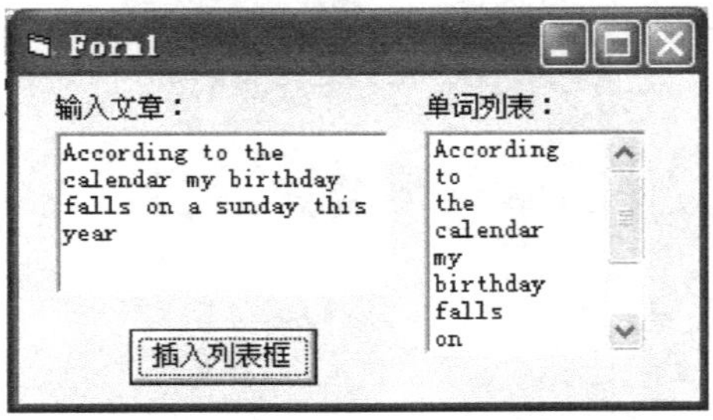

图 5-15　编程题(Ⅱ)的程序运行结果

```
    List1.AddItem word
End Sub
```

(12) 某个数列的前4项为:2/1 ,3/2 ,5/3 ,8/5,求此数列第20项的值。

分析:本题的递推初始条件为数列的第一项。

① 用变量 a 表示分子,变量 b 表示分母,则初始值 $a=2,b=1$。

② 递推规律:从第2项开始,每项的分子是前一项分子、分母之和,而分母则为前一项分子,则第二项可表示为 $(a+b)/a$,以此可推出第 n 项数值。如果仍用变量 a 表示分子,变量 b 表示分母,则第 n 项数值有:分子 $a_n=a_{n-1}+b_{n-1}$;分母 $b_n=a_n-b_{n-1}$。

③ 递推的结束条件:循环到第20项为止。

程序代码如下:

```
Private Sub Command2_Click()
    Dim a As Long, b As Long, c As Integer
    a = 2: b = 1: intCount = 1 '设置递推初始条件
    Do                          '计算数列从第2项至第20项的数值
      a = a+b
      b = a - b
      c = c+1
    Loop Until c >= 20
    Print "第20项值为:"; a / b
End Sub
```

运行程序,结果如下:

第20项值为:1.61803398501736

第6章 数 组

实验十二 一维数组

一、实验目的

1. 掌握一维数组的声明方法。
2. 理解数组的下标和数组元素个数的关系。
3. 掌握数组元素的赋值及访问指定的数组元素的方法。
4. 利用数组解决实际问题。

二、预备知识

数组是具有相同名称和相同数据类型的一组元素的有序集合。数组用于存储一组数据，与简单变量不同的是，数组在内存中对应的是一系列连续的存储单元，通过数组下标来标识。数组在使用时应遵循先声明再使用的原则。

一维数组的声明：

格式：<Private|Public|Static|Dim> <数组名><([下标下界 to 下标上界])>[As 数据类型]

或：<Private|Public|Static|Dim> <数组名><([下标上界])>[As 数据类型]

使用数组时，应注意数组元素的个数和最大数组下标的不同，以免出现下标越界问题。

三、实验示例

示例一 单击命令按钮随机产生10个两位正整数并显示在文本框中，运行结果如图6-1所示。

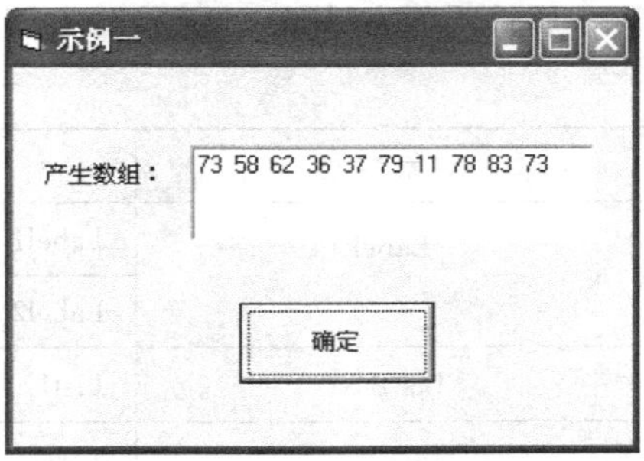

图6-1 示例一的程序运行结果

新建工程，在窗体Form1上添加一个标签、一个命令按钮和一个文本框。

属性设置如表6-1所示。

表6-1 示例一的属性设置

对象类型	对象名称	属性名称	属性值
TextBox	Text1	Text	空
CommandButton	Command1	Caption	确定
Label	Label1	Caption	产生数组

程序代码如下：

```
Private Sub Command1_Click( )
    Dim sz (1 To 10) As Integer          '声明拥有10个数组元素的一维数组
    For i = 1 To 10                      '利用循环来实现数组元素的赋值
        sz(i) = Int (Rnd * 90)+10
        Text1.Text = Text1.Text & sz(i) & "    "     '在文本框中显示
    Next i
End Sub
```

示例二 在数组 a 中随机产生100个任意整数，然后将下标为奇数的数组元素显示在列表框中，并将这些元素的和显示在文本框中。运行结果如图6-2所示。

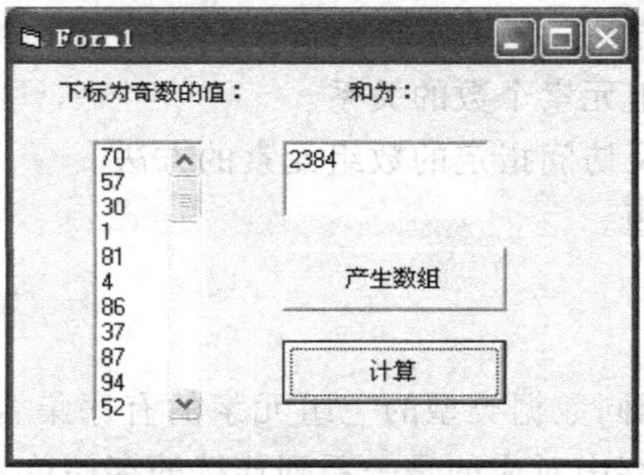

图6-2 示例二的运行结果

新建工程，在窗体上添加两个标签、一个列表框和一个文本框、一个命令按钮。

属性设置如表6-2所示。

表6-2 示例二的属性设置

对象类型	对象名称	属性名称	属性值
Label	Label1	Caption	下标为奇数的值
	Label2	Caption	和为
ListBox	List1	List	空
TextBox	Text1	Text	空
CommandButton	Command1	Caption	产生数组
	Command2	Caption	计算

程序代码如下：

```
Dim a(1 To 100) As Integer              '在窗体的通用声明处定义窗体级数组
Private Sub Command1_Click( )           '单击Command1按钮产生100个随机数
    For i = 1 To 100
    a(i) = Int(Rnd * 100)
```

```
    Next i
End Sub
Private Sub Command2_Click()   '单击 Command2 按钮输出下标为奇数的数组元素并求和
Dim sum As Integer
sum = 0
For i = 1 To 100 Step 2
  List1.AddItem a(i)
  sum = sum+a(i)
Next i
Text1.Text = sum
End Sub
```

四、实验内容

1. 随机生成 30 名同学某门课程的成绩[0, 100]存放在数组中，并将其显示在列表框 1 中。然后求出这门课程的平均成绩并显示在文本框中，将高于平均成绩的元素下标（作为学号）显示在列表框 2 中。界面及运行结果如图 6-3 所示。

2. 随机产生 50 个数据存放在数组中并显示在文本框 1 中，然后对这些数进行升序排序并显示在文本框 2 中。界面及运行结果如图 6-4 所示。

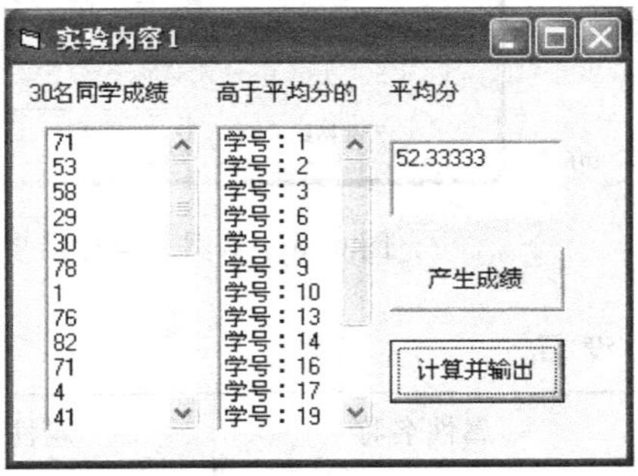

图 6-3　实验内容 1 的程序运行结果

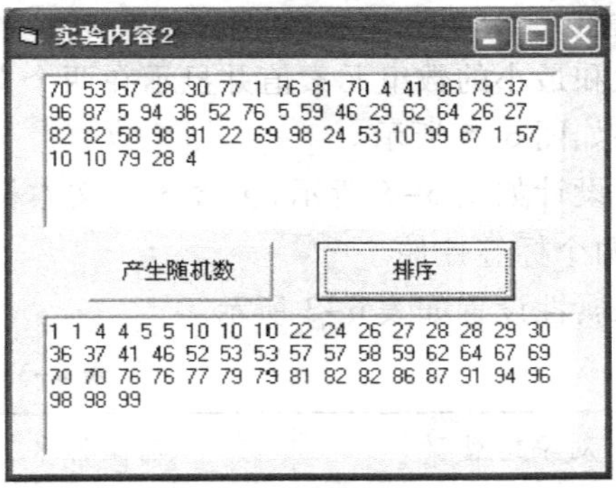

图 6-4　实验内容 2 的程序运行结果

实验十三　二维数组

一、实验目的

1. 掌握二维数组的定义方法。
2. 理解和使用二维数组的元素下标，二维数组元素个数与下标的关系。
3. 掌握二维数组的赋值、输出方法及常规算法。
4. 学会应用二维数组。

二、预备知识

1. 二维数组的定义格式：

<Private|Public|Static|Dim> <数组名><([下界 to] 上界,[下界 to] 上界)>[As 数据类型]

2. 二维数组的初始化：通常使用双重循环对二维数组中的数组元素赋值，其中外循环控制第一个下标变量，内循环控制第二个下标变量。

常用格式：

```
For i= 下界 to 上界
For j= 下界 to 上界
    a(i,j)= InputBox("请输入数据")
Next j
Next i
```

3. 二维数组的访问及输出：若要访问每一个数组元素，则需要使用双重循环来实现。结果可输出到列表框、文本框、图片框及窗体上。

三、实验示例

示例一 声明一个 4×4 的二维数组，通过键盘为每一个数组元素赋值，在文本框中输出这些数组元素，找出最大和最小的数组元素值并显示在两个文本框中。运行结果如图 6-5 所示。

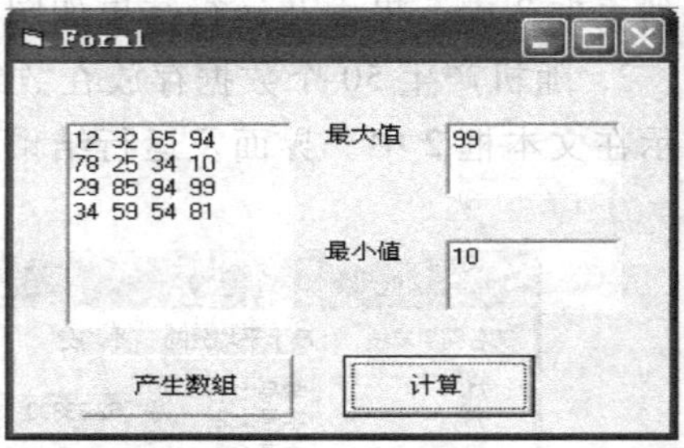

图 6-5 示例一运行结果

界面设计如图 6-5 所示，包含 3 个文本框、两个命令按钮、两个标签控件。

对象属性设置如表 6-3 所示。

表 6-3 属 性 设 置

对象类型	对象名称	属性名称	属性值
TextBox	Text1	Text	空
		MultiLine	True
	Text2	Text	空
	Text3	Text	空
Label	Label1	Caption	最大值
	Label2	Caption	最小值
CommandButton	Command1	Caption	产生数组
	Command2	Caption	计算

程序代码如下：

```
Dim a(1 To 4, 1 To 4) As Integer  '在窗体的通用声明处定义窗体级数组 a
Private Sub Command1_Click()
    For i = 1 To 4
    For j = 1 To 4
        a(i, j) = InputBox("请输入数组元素")      '为数组元素赋值
        Text1.Text = Text1.Text & a(i, j) & "  "
    Next j
    Text1.Text = Text1.Text & vbCrLf  'vbCrLf 是系统内部常量,表示回车换行
    Next i
End Sub
Private Sub Command2_Click()   '通过命令按钮的单击事件找出最大和最小值
    Dim max As Integer, min As Integer
    max = a(1, 1)
    min = a(1, 1)
    For i = 1 To 4
      For j = 1 To 4
        If max < a(i, j) Then max = a(i, j)
        If min > a(i, j) Then min = a(i, j)
      Next j
    Next i
    Text2.Text = max
    Text3.Text = min
End Sub
```

示例二　定义一个4×5的二维数组并赋初值显示在文本框中,找出这些数组元素中能被3整除的数,将其下标及其元素值显示在列表框中。运行结果如图6-6所示。

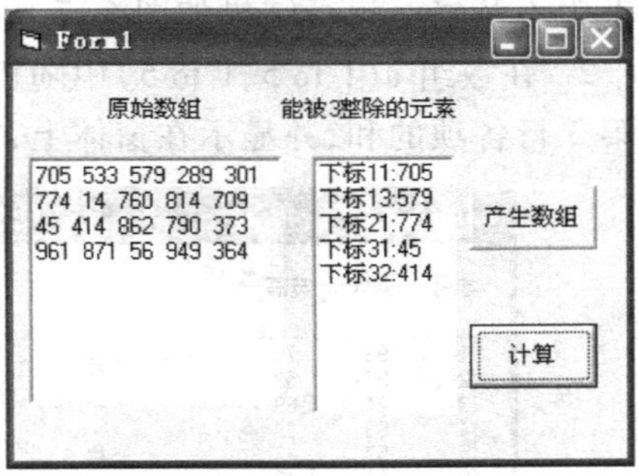

图6-6　示例二运行结果

界面设计及对象属性值设置可参照图6-6自行完成。

程序代码如下:

```
Dim a(1 To 4, 1 To 5) As Integer        '定义窗体级数组 a
Private Sub Command1_Click()          '为每一个数组元素赋值
    Dim str As String
    For i = 1 To 4
      For j = 1 To 5
        a(i, j) = Int(Rnd * 1000)
        str = str & a(i, j) & "  "
      Next j
```

```
    str = str & vbCrLf
  Next i
  Text1.Text = str
End Sub

Private Sub Command2_Click()          '找出能被3整除的数组元素
  For i = 1 To 4
  For j = 1 To 5
  If a(i, j) Mod 3 = 0 Then           '将能被3整除的数组元素的下标及值输出到列表框中
    List1.AddItem "下标" & i & j & ":" & a(i, j)
  End If
  Next j
  Next i
End Sub
```

四、实验内容

1. 在数组cj(1 to 20,1 to 3)中存有20个同学的学号、数学及英语成绩,单击"生成数组"按钮,生成学生的学号及成绩,单击"统计"按钮分别统计出优秀、及格和不及格的人数。平均分在85分(含85分)以上为"优秀",平均分在60到85分之间(含60分)为"及格",平均分在60分以下为不及格。运行结果如图6-7所示。

2. 在数组a(1 to 5,1 to 5)中随机生成数组元素值并按5行5列显示在窗体上,然后计算矩阵第3行各项的和,并显示在窗体上,在窗体的单击事件中完成。运行结果如图6-8所示。

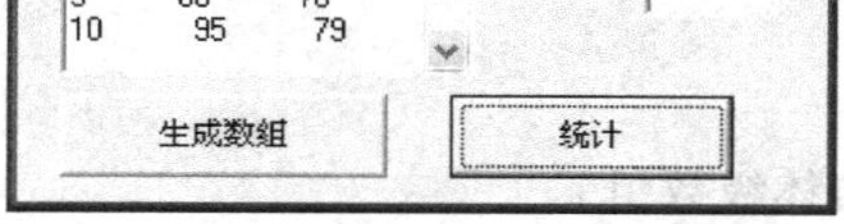

图6-7 运行结果

图6-8 题2运行结果

实验十四 动态数组

一、实验目的

1. 掌握动态数组的定义方法。

2. 理解重新定义数组语句 Redim 与 Redim 语句中 Preserve 参数的使用方法。
3. 掌握动态数组的应用。

二、预备知识

定义动态数组通常分两步:首先在窗体或标准模块中用 Dim、Private 或 Public 声明一个没有下标的数组(括号不能省略),然后在过程中用 Redim 定义带下标的数组。

(1) 声明一个不带下标的数组:

<Private | Public | Dim> <数组名> ( ) < As 数据类型>

(2) 在过程中,用 Redim 语句指定数组的维数及各维的下标,可以多次使用 Redim 语句来重新定义数组大小。格式为:

Redim [Preserve] 数组名([下界] to 上界,[下界] to 上界)

由于每次使用 Redim 定义时都会将数组元素初始化,为了保留原数组元素的值可以选用 Preserve 关键字。格式为:

Redim Preserve 数组名([下界 to 上界],[下界] to 上界)

三、实验示例

示例一 编写程序,要求通过键盘输入学生人数,并通过键盘输入每个学生的成绩。重新定义数组大小,使其在原有基础上增加 5 个数组元素,并把学生成绩输入到这 5 个数组元素中。运行结果如图 6-9 所示。

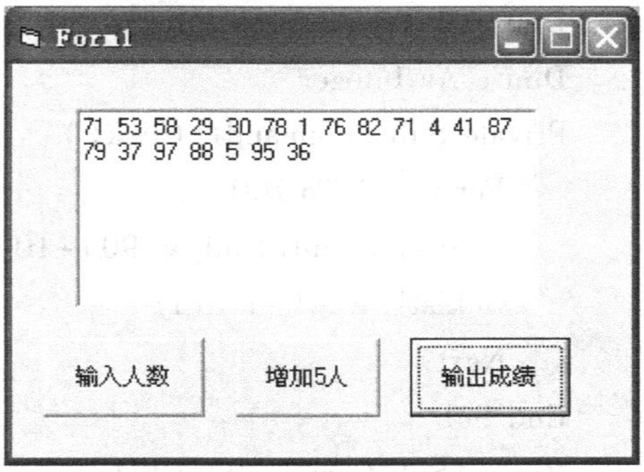

图 6-9 示例一运行结果

界面如图 6-9 所示,包含 1 个文本框和 3 个命令按钮。

参照图 6-9 自行设置对象属性。

程序代码如下:

```
Dim cj( ) As Integer, n As Integer        '在窗体的通用声明处定义动态数组
Private Sub Command1_Click( )
    n=InputBox("请输入学生人数")          '通过键盘输入学生的人数
    Redim cj(1 to n)                    '通过 Redim 语句定义数组大小
    For i=1 to n
        cj(i)= InputBox("请输入学生成绩")
    Next i
End Sub
Private Sub Command2_Click( )
    Redim Preserve cj(1 to n+5)       '通过 Redim Preserve 语句将数组元素增加 5 个
    For i=n+1 to n+5
        cj(i)= InputBox("请输入学生成绩")
    Next i
```

```
End sub
Private Sub Command3_Click( )
    For i=1 to n+5
      Text1.Text=Text1.Text & cj(i) & "    "
    Next i
End Sub
```

示例二 编写程序,随机生成100个两位整数保存在数组a中,查找数组a中的所有素数并将其保存在动态数组b中,按降序排序输出所有素数。运行结果如图6-10所示。

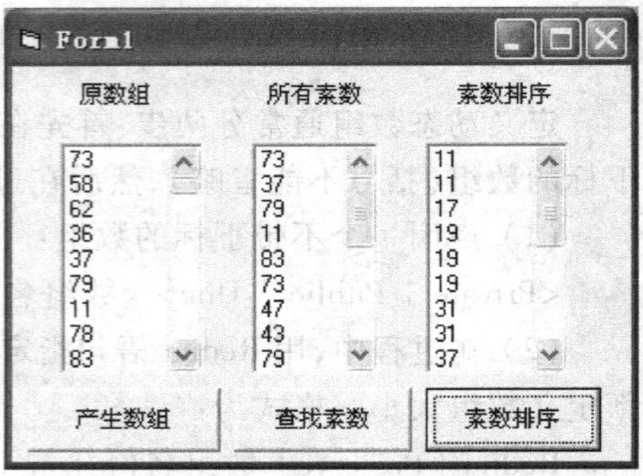

图6-10 示例二运行结果

界面设置如图6-10所示,其中包含3个列表框、3个命令按钮、3个标签控件。

属性设置也可参照图6-10完成。

程序代码如下:

```
Dim a(1 To 100) As Integer, b( ) As Integer
Dim c As Integer
Private Sub Command1_Click( )          '通过命令按钮单击事件产生100个随机数
    For i = 1 To 100
      a(i) = Int(Rnd * 90)+10
      List1.AddItem a(i)
    Next i
End Sub
Private Sub Command2_Click( )          '通过命令按钮单击事件查找素数
    For i = 1 To 100
      For j = 2 To Sqr(a(i))
        If a(i) Mod j = 0 Then Exit For
      Next j
      If j > Sqr(a(i)) Then
        c = c+1  '变量c用来统计素数的个数并作为动态数组b的大小
        ReDim Preserve b(1 To c)
        b(c) = a(i)
      End If
    Next i
    For i = 1 To c
    List2.AddItem b(i)
    Next i
End Sub
Private Sub Command3_Click( )          '通过命令按钮单击事件将素数降序排序
```

```
    For i = 1 To c -1
      For j = i+1 To c
        If b(i) > b(j) Then
        t = b(i)
        b(i) = b(j)
        b(j) = t
        End If
      Next j
    Next i
    For i = 1 To c
        List3. AddItem b(i)
    Next i
End Sub
```

四、实验内容

编写程序,要求:单击“输入”命令按钮,则从键盘上输入学生的人数(每次输入不同的值),并将每个学生某门课程的成绩存入数组中。单击“分离”按钮,则将不同分数段学生的成绩分别保存在另外的数组中,单击“显示”按钮,则将不同分数段学生的成绩显示在列表框中。运行结果如图 6-11 所示。

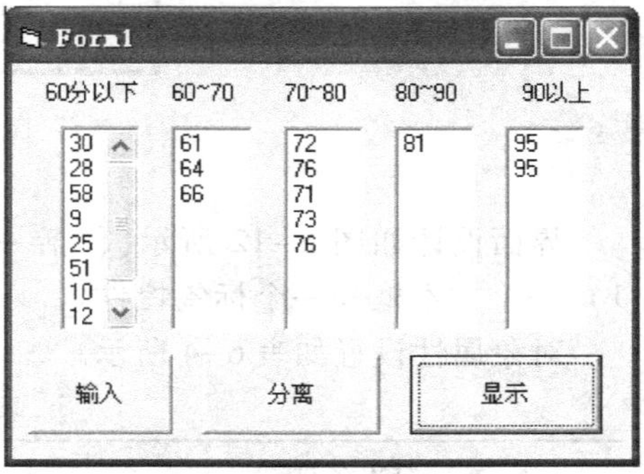

图 6-11 运行结果

实验十五 控件数组

一、实验目的

1. 掌握控件数组的定义方法。
2. 掌握控件数组的应用。

二、预备知识

1. 控件数组的创建

(1) 创建一个控件,然后通过复制、粘贴的方法创建控件数组。

(2) 通过将多个相同类型的控件命名为相同的名称(Name 属性相同)来创建控件数组。

2. 控件数组的引用

由于控件数组中的所有控件名称相同,通过控件的 Index 属性来引用每一个控件。添加的第一个控件的 Index 为 0,第二个为 1……以此类推。

三、实验示例

示例一　应用命令按钮控件数组设计一个数字键盘,用于输入用户密码。运行结果如图 6-12 所示。

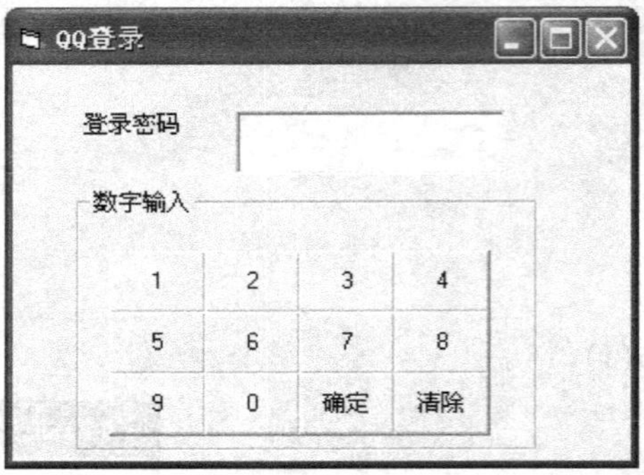

图 6-12　示例一运行结果

界面设计如图 6-12 所示,包括一个框架 Frame1,框架内有一组命令按钮 Command1(0 ~ 11),一个文本框和一个标签控件。

对象属性设置如表 6-4 所示。

表 6-4　示例一属性设置

对象名称	属性名称	属性值
Command1(0 ~9)	Caption	1、2、3…0
Command1(10)	Caption	确定
Command1(11)	Caption	清除
Text1	Text	空
Label1	Caption	登录密码
Frame1	Caption	数字输入

程序代码如下:

```
Private Sub Command1_Click(Index As Integer)
    Select Case Index
    Case 0 To 9
    Text1.Text = Text1.Text & Command1(Index).Caption
    Case 10
    MsgBox "您输入的密码是" & Text1.Text
    Case 11
    Text1.Text = ""
    End Select
```

End Sub

示例二　设计一个自动评分系统，如图 6-13 所示。在 Text1 文本框中输入选手编号，在 Text2 文本框控件数组中输入 10 个评委对该选手的打分情况后，单击“统计得分”按钮，则在 10 个评委的打分中去掉一个最高分和一个最低分，之后求出该选手的平均分作为选手的最后得分。最后将选手编号和得分显示在图片框 Picture1 中，并将 Text1、Text2 中的内容置为空。

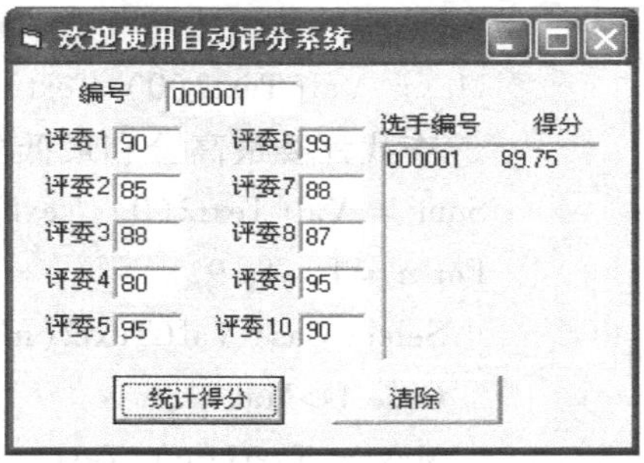

图 6-13　示例二运行结果

（1）界面设计：如图 6-13 所示。在界面中添加 1 个标题为“编号”的标签 Label1，1 个用于接收选手编号的初始文本为空的文本框 Text1；1 个含有 10 个元素的文本框控件数组 Text2，用于接收 10 个评委对某选手的打分；另有 1 个含有 10 个元素的标签控件数组 Label2 用于显示评委名称：评委 1、评委 2……；还有 1 个标题为“统计得分”的命令按钮；1 个图片框 Picturel，两个根据显示的内容自动调整大小、标题分别为“选手编号”和“得分”的标签 Label3 和 Label4。

（2）对象属性设置见表 6-5。

表 6-5　示例二对象属性设置

对象类型	对象名	属性名称	属性值
TextBox	Text1	Text	空
	Text2(0-9)	Text	空
Label	Label1	Caption	编号
	Label2(0-9)	Caption	评委 1、评委 2……评委 10
	Label3	Caption	选手编号
	Label4	Caption	得分
PictureBox	Picture1		
CommandButton	Command1	Caption	统计得分
	Command2	Caption	清除

程序代码如下：

```
Private Sub Command1_Click( )
    If Len(Text1) = 0 Then              '检查选手编号是否输入
      MsgBox "选手编号不能为空,请检查!"
      Exit Sub
    End If
    For n = 0 To 9
      If Len(Text2(n).Text) = 0 Then    '检查评委是否给出分数
      MsgBox "评委给分不能为空,请检查!"
```

```
        Exit Sub
        End If
    Next n
    Max= Val(Text2(0).Text): Min = Val(Text2(0).Text)
    '查找评委最高分和最低分
    Sum = Val(Text2(0).Text)
    For n =1  To 9
        Select Case Val(Text2(n).Text)
        Case Is>Max
        Max = Text2(n).Text
        Case Is< Min
        Min= Text2(n). Text
        End Select
        Sum=  Sum+ Val(Text2(n). Text)
    Next n
    score = (Sum-Max - Min) / 8
    Picture1. Print Text1.Text ; Space(5); score '将选手编号及分数显示在图片框中
End Sub
Private Sub Command2_Click()          '清空编号及评委分数
    Text1.Text = ""
    For n = 0 To 9
    Text2(n).Text= ""
    Next n
    Picture1.Cls
End Sub
```

四、实验内容

设计一个简单的计算器。要求利用命令按钮控件数组完成,能进行简单的加减乘除四则运算。界面如图6-14所示,包含一组命令按钮控件、一组单选按钮控件。

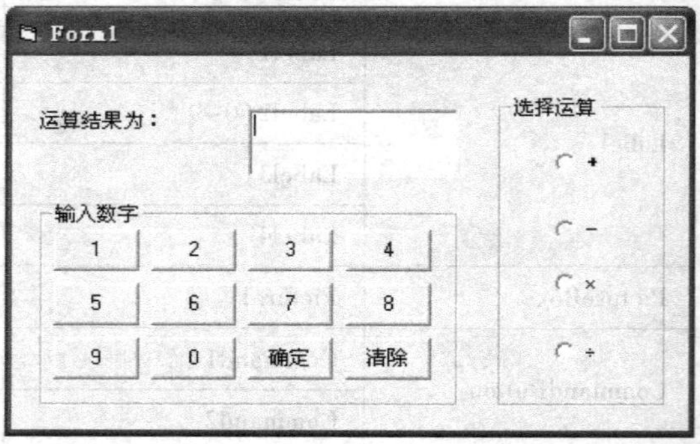

图6-14 运行结果

五、部分习题答案

2. 选择题

(1) A (2) B (3) D (4) B (5) D (6) A (7) A

3. 填空题

(1) a、b (2) i+1、a(j)<a(i)

4. 编程题

(1) Private Sub Command1_Click()

```
    Dim cj(1 To 50) As Integer, sum As Integer, n
    For i = 1 To 50
        cj(i) = Int(Rnd * 100+1)
    Next i
    Label1.Caption = "大于 50 的数:"
    For Each n In cj
        If n > 50 Then
                Label1.Caption = Label1.Caption & "   " & n
                sum = sum+n
        End If
    Next n
    Label2. Caption = "大于 50 的数的和:" & sum
  End Sub
```

(2)
```
  Option Base 1
  Private Sub Command1_Click()
     Dim fib(40) As Double, sum As Double
     fib(1) = 1
     fib(2) = 1
     For i = 3 To 40
         fib(i) = fib(i - 1)+fib(i - 2)
     Next i
     For i = 1 To 40
         sum = sum+fib(i)
     Next i
   Print "fib(12)=" & fib(12), "fib(24)=" & fib(24), "fib(36)=" & fib(36),
   Print "前 40 项的和=" & sum
  End Sub
```

(3)
```
  Private cj() As Integer, n As Integer
  Private Sub Command1_Click()
    Dim max As Integer, min As Integer, sum As Double
    n = Val(InputBox("请输入学生的人数:"))
    ReDim cj(1 To n)
        For i = 1 To n
            cj(i) = Int(Rnd * 101)
        Next i
        sum = 0: max = -1: min = 101
        For i = 1 To n
            List1. AddItem cj(i)
```

```
        If max < cj(i) Then max = cj(i)
        If min > cj(i) Then min = cj(i)
        sum = sum+cj(i)
        Next i
    MsgBox ("最大值:" & max & "    " & "最小值:" & min & "")
End Sub
Private Sub Command2_Click()
Dim t As Integer
For i = 1 To n -1
    For j = i+1 To n
        If cj(i) > cj(j) Then
            t = cj(i) : cj(i) = cj(j): cj(j) = t
        End If
    Next j
Next i
For i = 1 To n
    List2. AddItem cj(i)
Next i
End Sub
```

(5) Option Base 1

```
Private Sub Command1_Click()
Dim s(8, 8) As Integer
For n = 1 To 8
    For m = 1 To 8
        If n = m Or n = 9 -m Then
            s(n, m) = 1
            Else
                s(n, m) = 0
        End If
    Next m
Next n
Cls
For n = 1 To 8
    For m = 1 To 8
        Print "    "; s(n, m);
    Next m
    Print
Next n
```

```
    End Sub
(7) Dim opt1 As String, opt2 As String,  flag As Integer
    Private Sub Command1_Click(Index As Integer)
      Select Case Index
      Case 0 To 9
           opt2 = opt2 & Command1(Index). Caption
       Case 10
           opt2 = opt2 & ". "
      End Select
      Text1.Text = opt2
      End Sub
      Private Sub Command2_Click(Index As Integer)
      flag = Index: opt1 = opt2: opt2 = ""
      Text1.Text = ""
    End Sub
    Private Sub Command3_Click()
      If flag = 0 Then
           Text1.Text = Str(Val(opt1)+Val(opt2))
      ElseIf flag = 1 Then
           Text1.Text = Str(Val(opt1) -  Val(opt2))
      ElseIf flag = 2 Then
           Text1.Text = Str(Val(opt1) * Val(opt2))
      ElseIf flag = 3 Then
           If opt2 <> 0 Then
                Text1.Text = Str(Val(opt1) / Val(opt2))
           Else
                MsgBox "除数不能为零!"
           End If
      End If
      opt2 = Text1.Text: opt1 = ""
    End Sub
```

第 7 章 过　程

实验十六　Sub 过程的建立及调用

一、实验目的

1. 了解过程的概念及意义。
2. 掌握 Sub 子过程的创建与调用方法。
3. 掌握实参、形参的概念及值传递和引用传递的传递方式。

二、预备知识

1. Sub 自定义过程的创建方法

(1) 打开代码窗口，在对象下拉列表框中选择“通用”选项，在过程下拉列表框中选择“声明”选项，然后输入如下代码：

Static|Public|Private Sub <过程名>([形参列表])

⋮

End Sub

(2) 选择“工具”菜单中的“添加过程”命令，打开“添加过程”对话框，如图 7-1 所示。在“名称”文本框中输入过程名，在“类型”选项组中选中“子程序”单选按钮。在“范围”选项组中选择过程的作用域，单击“确定”按钮，在代码窗口中直接输入过程代码。

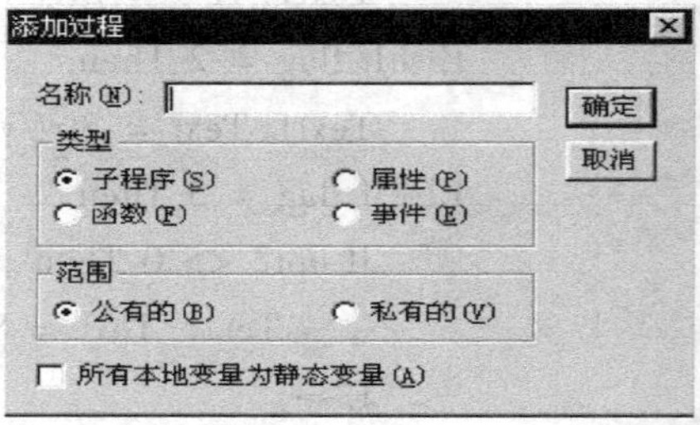

图 7-1　“添加过程”对话框

2. 过程的调用

在主程序中通过调用过程使其执行。调用格式为：

Call <过程名>[(<实参列表>)]

或　<过程名>　[<实参列表>]

3. 参数传递

在 Visual Basic 中，通常把在 Sub 过程的定义中出现的变量称为形参；而在调用时传送给 Sub 过程的常量、变量或表达式、数组称为实参。在调用一个过程时，必须将实参传递给过程中的形参，完成实参与形参的结合。参数传递方式有“值传递(ByVal)”和“引用传递(ByRef)”两种。

三、实验示例

示例一　定义两个用来求任意数阶乘的 Sub 子过程，一个采用值传递，一个采用引用传递，并在命令按钮的单击事件中调用该过程。要求由文本框输入数据，并将结果输出到另一个文本框中。运行结果如图 7-2 所示。

示例分析:通过值传递和引用传递两种参数传递方式来完成实验,从中体会值传递和引用传递的区别。

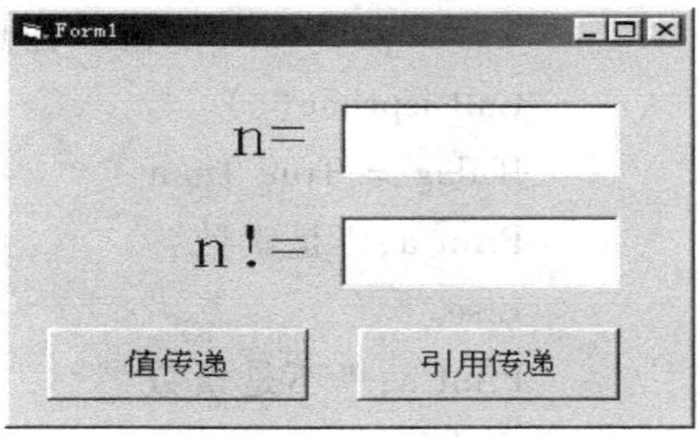

图 7-2　设计界面

设计界面如图 7-2 所示。

程序代码如下:

```
Private Sub Command1_Click( )
    Dim n As Integer
    n = Val( Text1. Text)
    Call jc1( n)
End Sub
Private Command2_Click( )
    Dim n As Integer, r As Double
    n = Val( Text1. Text)
    Call jc2 (n, r)        '参数 r 为引用传递,r 将得到运算结果 n 的阶乘值
    Text2. Text = Str (r)
End Sub
Private Sub jc1( ByVal m As Integer)        '定义值传递 Sub 子过程
    Dim fact As double, i As Integer
    fact = 1
    For i = 1 To m
    fact = fact * i             ' fact 为局部变量
    Next i
    Text2. Text = Str( fact)     '结果直接显示到文本框中
End Sub
Private Sub jc2( ByVal m As Integer, ByRef fact As Double)'定义引用传递子过程
    Dim i As Integer
    fact = 1
    For i = 1 To m
    fact = fact * i             '此处 fact 为过程参数
    Next i
End Sub
```

实验总结:值传递不会改变形参的值,所以不会将阶乘结果带回到调用处;而采用引用传递方式时实际上实参和形参是同一个存储单元,所以调用后形参、实参的值会同时发生变化,因此可以利用引用传递的这个特性,用形参 fact 将阶乘值带回给实参 r。

示例二　定义一个求素数的过程 isprime。通过键盘输入任意一个数,在命令按钮单击事件中调用该过程判断其是否是素数。运行结果如图 7-3 所示。

程序代码如下:

```
Dim flag As Boolean          '定义窗体级变量 flag
```

```
Private Sub Command1_Click()
    Dim a As Integer
    a = InputBox("请输入任意数")
    Call isprime(a)
    If flag = True Then
    Print a; "是素数"
    Else
    Print a; "不是素数"
    End If
End Sub
Private Sub isprime(ByVal n As Integer)   '判断一个数是否是素数
    For i = 2 To Sqr(n)
    If n Mod i = 0 Then Exit For
    Next i
    If i > Sqr(n) Then
    flag = True
    Else
    flag = False
    End If
End Sub
```

图 7-3 示例二的运行结果

四、实验内容

1. 如图 7-4 所示，单击“产生两位数”按钮随机产生 30 个两位整数并显示在列表框中，单击“分离奇偶数”按钮将其中的奇数保存在一个数组中，偶数保存在另外一个数组中。编写两个实现升序排序、降序排序的过程。通过过程调用将偶数按升序排序、奇数按降序排序，并分别显示在列表框中。

2. 编写求阶乘的过程，并通过调用该过程求组合公式 $C=n!/[m!(n-m)!]$。要求数值 m、n 分别由文本框输入，并保证 $n>m$。设计界面如图 7-5 所示。

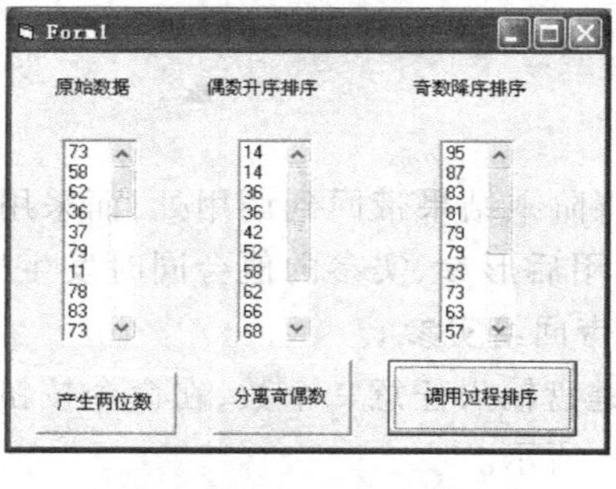

图 7-4 题 1 运行结果

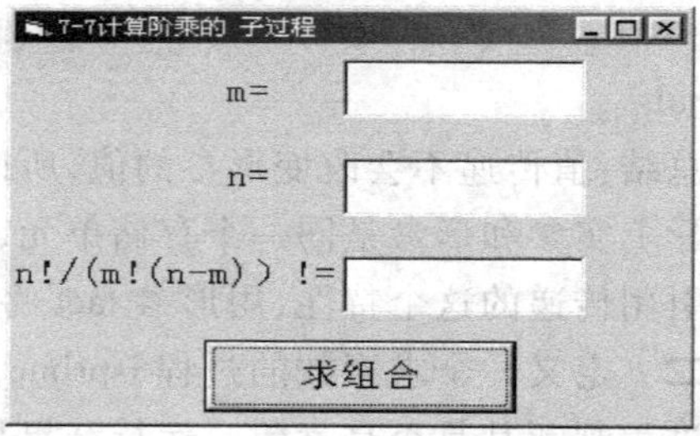

图 7-5 题 2 设计界面

实验十七　Function 函数过程的建立及调用

一、实验目的

1. 掌握 Function 函数过程的定义和调用。
2. 掌握 Function 函数过程和通用 Sub 过程之间的区别。

二、预备知识

1. 函数的定义及调用

(1) 定义函数的格式

```
Public|Private Function <函数名> [(形参列表)] [As <数据类型>]
  ⋮
<函数名>=<变量名>          '通过该语句将函数值返回到调用处
End Function
```

(2) 函数调用

<函数名>(实参列表)

注意:在进行函数调用时,调用语句中的实参个数、类型应与函数定义中形参的个数、类型完全一致。函数定义好后,可以按使用系统内部函数(例如 sqr 函数、rnd 函数、abs 函数等)的方法去调用。

2. Function 函数过程与 Sub 过程的区别

两者的主要区别是 Function 函数有返回值,可以通过函数调用得到函数值,而 Sub 过程没有返回值,不能把结果带回到调用处。

三、实验示例

示例一　重新定义求阶乘的过程,要求用函数过程实现(注意比较与 Sub 过程的区别)。运行结果如图 7-6 所示。

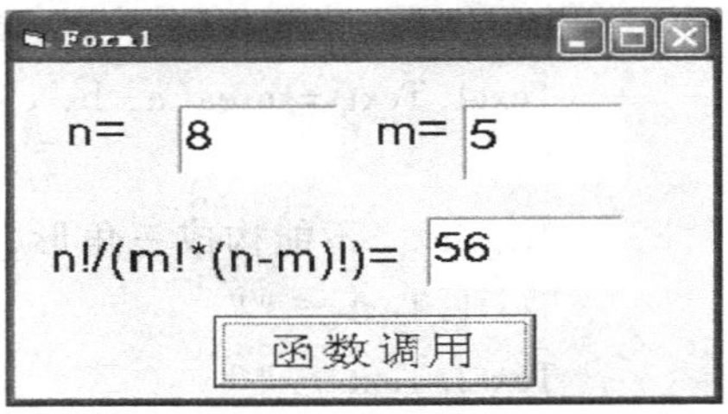

图 7-6　示例一运行结果

界面设置:如图 7-6 所示,包含 1 个命令按钮、3 个文本框、3 个标签控件。

对象属性设置(略)。

程序代码如下:

```
Private Sub Command1_Click()
    Dim n As Integer, m As Integer, fact As Double
    n = Val(Text1.Text)
    m = Val(Text2.Text)
    If n < m Then
    MsgBox "请重新输入,n 应该大于 m"      '数据合法性检验
    Text1.Text = ""
    Text2.Text = ""
```

```
        Text1.SetFocus
        Exit Sub
        End If
        fact = jc(n) / (jc(m) * jc(n -m)) '在表达式中通过函数名调用函数过程
        Text3.Text = fact
    End Sub
    Private Function jc(ByRef a As Integer) As Double '定义求阶乘的函数过程
        Dim f As Double
        f = 1
        For i = 1 To a
            f = f * i
        Next i
        jc = f
    End Function
```

示例二 编写一个求任意三角形面积的函数 area，要求在命令按钮的单击事件中输入三角形的 3 条边，并对其合法性进行检验，若不能构成三角形，要给出不能构成三角形的错误信息并重新输入 3 条边长。若能构成三角形，则调用函数 area 求出其面积。程序运行结果如图 7-7 所示。

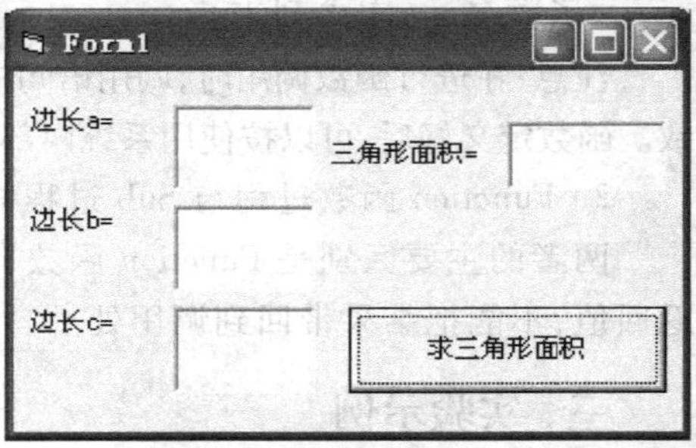

图 7-7 示例二的运行结果

界面及对象属性设置可参照图 7-7 自行完成。

程序代码如下：

```
    Private Sub Command1_Click()
        Dim a As Integer, b As Integer, c As Integer
        a = Text1.Text
        b = Text2.Text
        c = Text3.Text
        If a+b > c And b+c > a And a+c > b Then
        Text4.Text = area(a, b, c)
        Else
        MsgBox "不能构成三角形,请重新输入"
        Text1.Text = ""
        Text2.Text = ""
        Text3.Text = ""
        Text1.SetFocus
        End If
    End Sub
    Private Function area(ByVal x As Integer, ByVal y As Integer, ByVal z As Integer) As Single
        Dim s As Single, l As Single
        l = (x+y+z) / 2
```

```
    s = Sqr(l *(l -x)*(l -y) *(l -z))
    area = s
End Function
```

四、实验内容

1. 设计一个求 n 个学生中考试成绩最高的学生的函数过程。要求在命令按钮的单击事件中输入学生人数、学生姓名和成绩，学生成绩显示在图片框中。调用该函数，并将成绩最高的学生的姓名及成绩显示在文本框中。运行结果如图 7-8 所示。

算法分析：声明一个记录类型 student，该记录有两个成员，即 name 和 score，分别用来存放学生的姓名和考试成绩。定义 student 类型的动态数组，用于保存学生的考试成绩。然后定义函数，用求极值的算法找出考试成绩最高的学生。学生人数在命令按钮单击事件中由输入框函数输入。

界面设计：如图 7-8 所示。

注意：记录类型变量不能在事件过程中声明，应在窗体的通用声明处声明。使用记录类型的变量时应注意访问变量各元素的方法；当将数组作为参数时，调用函数时只给出数组名即可。

2. 编写一个字符串处理函数，其功能是输入任意字符串，通过调用该函数实现字符串的逆序输出。运行结果如图 7-9 所示。

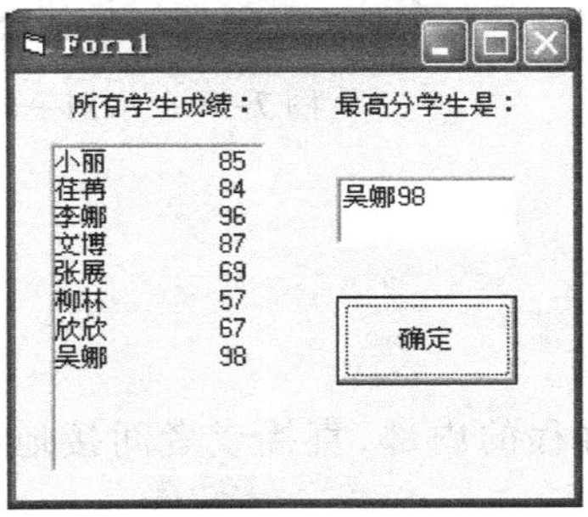

图 7-8　题 1 运行结果

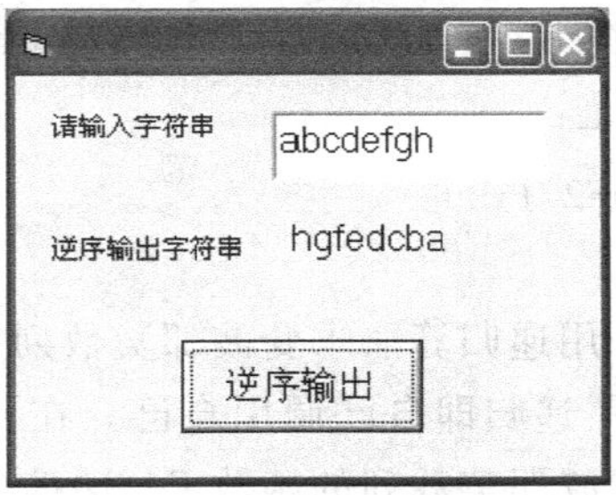

图 7-9　题 2 运行结果

实验十八　变量、过程的作用域及过程的递归调用

一、实验目的

1. 掌握变量的作用域及全局变量、窗体级变量、局部变量及静态变量的声明方式。
2. 掌握全局变量、窗体级变量、局部变量及静态变量的作用范围，区别使用。
3. 掌握过程的作用域、全局过程、模块过程的定义方法及实际应用。
4. 掌握函数递归调用的执行过程及应用。

二、预备知识

(1) 声明全局变量的方法：首先向工程中添加标准模块，然后在标准模块的“通用”、“声明”处用关键字 Public 声明全局变量。其作用域是该工程，可以被该工程内的所有窗体和模块使用。

(2) 窗体级变量:在窗体的“通用”、“声明”处声明的变量。其作用域是该窗体,可以被该窗体内的所有过程使用。

(3) 过程级变量:在事件过程或通用过程内定义的变量,只能被该过程使用。

(4) 静态变量:在过程内用关键字 Static 声明的变量,其值会一直保存到程序结束。

三、实验示例

示例一 如图 7-10 所示,在界面上添加两个图片框(Picture1 和 Picture2)、两个标签和两个命令按钮,分别用 Dim 和 Static 定义变量进行单击次数的累加输出。连续单击命令按钮 3 次,注意分析输出结果的不同。

程序代码如下:

```
Private Sub Command1_Click( )
    Dim c As Integer              '定义局部变量
    c = c+1
    Picture1. Print c
End Sub

Private Sub Command2_Click( )
    Static c As Integer           '定义静态变量
    c = c+1
    Picture2. Print c
End Sub
```

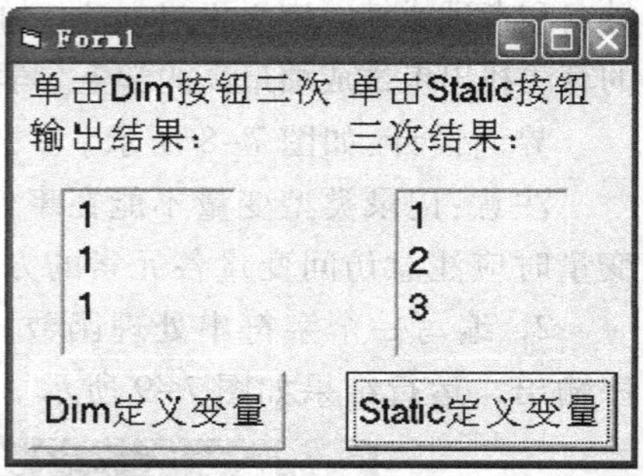

图 7-10 示例一的运行结果

示例二 用递归算法求斐波那契数列第 n 项的值。

算法分析:递归即自己调用自己。在函数或子过程的内部,直接或者间接地调用自己的算法。定义求斐波那契数列的函数 F。递推公式为:

$F(n)=n \cdot F(n-1)$ $(n>2)$

$F(n)=1$ $(n=1, n=2)$

例如求第 5 项的值,其递归过程如下:

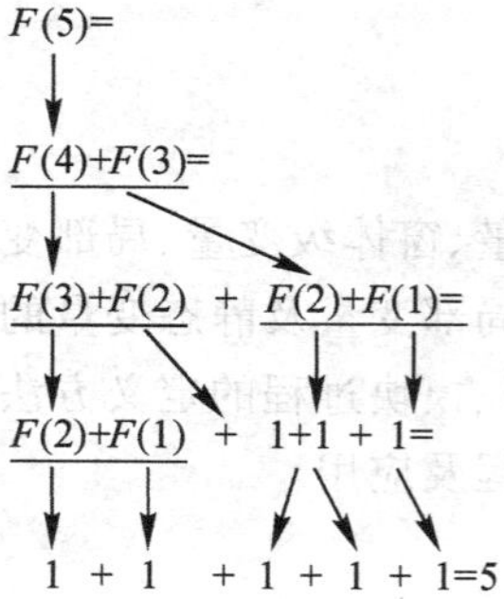

最后求得 $F(5)=5$。

程序代码如下:

```
Private Function F (ByVal n As Integer) As Long
    If n<3 Then
    F=1
    Else
    F=F(n-1)+F(n-2)
    End If
End Funtion
Private Sub Command1_Click()
    n=InputBox("输入 n 的值:")
    Print "F=";F(n)
End Sub
```

四、实验内容

1. 如图 7-11 所示,在界面上有一个 Image 控件、一个 Timer 控件和一个 Shape 控件。单击“启动”按钮,小球将在 Image1 中上下移动(每次移动量 s=±40),在文本框中显示小球移动次数。单击“停止”按钮小球将停止移动。

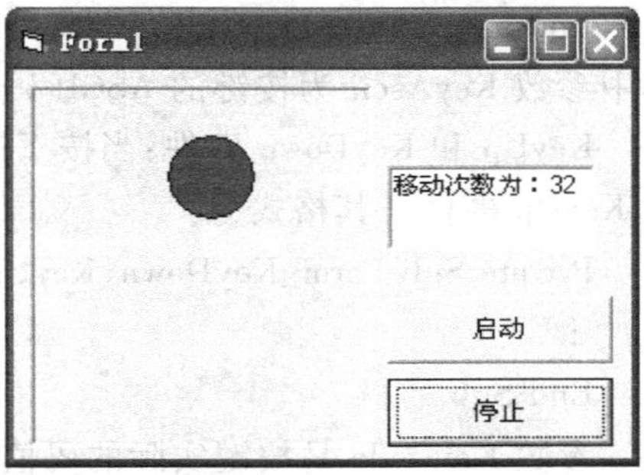

图 7-11　题 1 运行结果

提示:统计移动次数的变量 count 应定义为静态变量,移动量 s 应定义为窗体级变量,在“启动”按钮中设置其初始值 s=-40,在计时器的 Timer 事件中改变 s 的符号,当小球碰到 Image 顶部或底部时通过 s=-s 实现移动方向的改变。使用 Shape1 的 Move 方法实现小球上下移动的格式为:

Shape1. Move Left, Top, Width, Height

主要控件属性设置如表 7-1 所示。

表 7-1　对象属性设置

控件名称	属性名称	属性值
Image1	BorderStyle	1-Fixed Single
Shape1	BorderStyle	1-Solid
	FillColor	红色
Timer1	Interval	200

2. 用递归过程求两个整数的最大公约数。

实验十九 键盘与鼠标事件过程

一、实验目的

1. 了解常用键盘事件过程和鼠标事件过程的用法。
2. 了解自动拖放和手动拖放的实现方法。

二、预备知识

1. 键盘事件过程：KeyPress、KeyUp、KeyDown 事件

KeyPress 事件：当按下键盘上的某个键时触发该事件。该事件可用于窗体、文本框、组合框、列表框、命令按钮等控件。格式为：

```
Private Sub 对象名_KeyPress(KeyAscii As Integer)
⋮
End sub
```

其中参数 KeyAscii 为按键的 ASCII 码。

KeyUp 和 KeyDown 事件：当按下键盘上的任意键时触发 KeyDown 事件，当释放该按键时触发 KeyUp 事件。其格式为：

```
Private Sub Form_KeyDown|KeyUp(KeyCode As Integer, Shift As Integer)
⋮
End Sub
```

参数 KeyCode 是按键实际的码值，该码以"键"为准，而不是以"字符"为准。也就是说，大写字母和小写字母使用同一个键，它们的 KeyCode 相同（使用大写字母的 ASCII 码）。

3 个事件的发生顺序为：KeyDown→Keypress→KeyUp。

2. 鼠标事件过程：MouseDown、MouseUp 和 MouseMove

常用控件都能响应上述事件过程。格式为：

```
Private Sub 对象名_MouseDown|MouseUp|MouseMove(Button As Integer, Shift As Integer, X As Single, Y As Single)
⋮
End Sub
```

三、实验示例

示例一 编写一个程序，当按下键盘上的某个键时，输出该键的 KeyCode 码。运行结果如图 7-12 所示。

程序代码如下：

```
Private Sub Form_KeyDown(KeyCode As Integer, Shift As Integer)
    Static i
    i = i+1
```

```
        If i Mod 5 = 0 Then
            Print Chr(KeyCode); "--";  KeyCode; "   ";
            Print     '起换行作用
            Print     '空一行
        ElseIf KeyCode = 13 Then
            i = 0
            Print
            Print
            Print
        Else
            Print Chr(KeyCode); "--"; KeyCode; "   ";
        End If
    End Sub
```

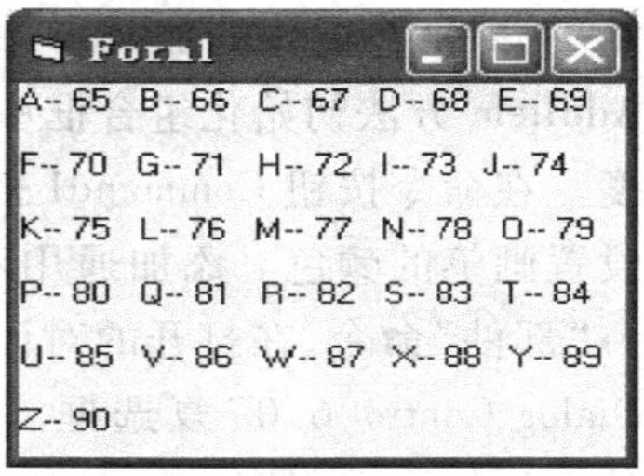

图 7-12　示例一运行结果

示例二　编写在窗体上画圆的程序。要求:按下鼠标右键移动鼠标可以画圆,否则不能画。运行结果如图 7-13 所示。

程序代码如下:

```
Dim flag As Boolean
Private Sub Form_MouseDown(Button As Integer, Shift As Integer, X As Single, Y As Single)
    flag = True
End Sub

Private Sub Form_MouseMove(Button As Integer, Shift As Integer, X As Single, Y As Single)
    r = Rnd * 800
    If r < 200 Then r = 200
    If flag And Button = 2 Then
    Circle (X, Y), r
    End If
End Sub

Private Sub Form_MouseUp(Button As Integer, Shift As Integer, X As Single, Y As Single)
    flag = False
End Sub
```

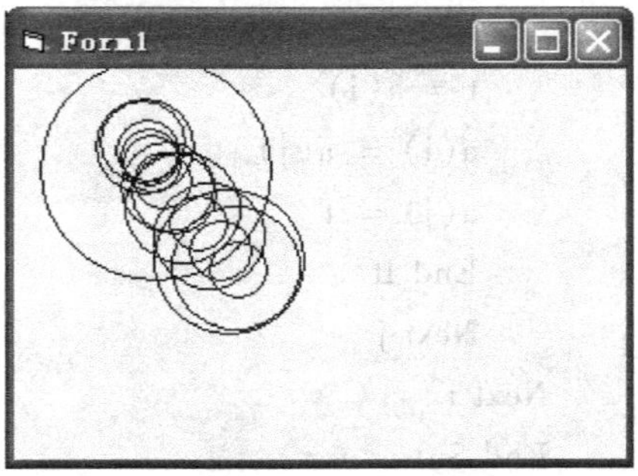

图 7-13　示例二的运行结果

四、实验内容

设计鼠标画图程序。向窗体中添加一个 PictureBox 控件、一个 ComboBox 组合框、一个通用对话框与两个命令按钮,程序运行结果如图 7-14 所示。

分析:在窗体的加载事件中利用 ComboBox 组合框的 AddItem 方法初始化组合框中的数据 1 ~ 9 作为画笔的宽度。在命令按钮 Command1 的单击事件中,用通用对话框设置画笔的颜色。添加通用对话框的方法是选择"工程"→"部件"命令,在打开的对话框中选中"Microsoft Common Dialog Control 6.0"复选框。在 Picture1 的 MouseMove 事件中添加画图程序。

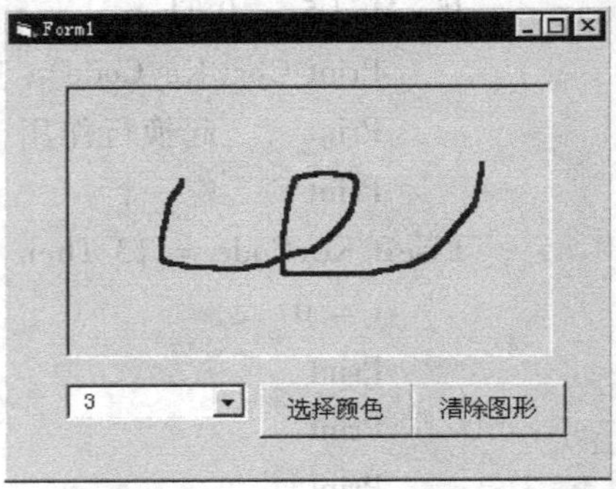

图 7-14 程序运行结果

五、部分习题答案

3. 编程题

(2) 随机生成互不相同的 10 个两位整数,要求:利用 Sub 过程实现升序排序。

```
Private Sub paixu(a() As Integer, n As Integer)
Dim i As Integer, j As Integer, t As Integer
For i = 1 To n - 1
    For j = i+1 To n
    If a(i) > a(j) Then
    t = a(i)
    a(i) = a(j)
    a(j) = t
    End If
    Next j
Next i
End Sub

Private Sub Command1_Click()
Dim a(1 To 10) As Integer, x As Integer
Dim i As Integer, flag As Integer
For i = 1 To 10
flag = 1
    Do While flag = 1
    x = Int(Rnd * 90)+10
    flag = 0
            For j = 1 To i - 1
            If x = a(j) Then
            flag = 1
            Exit For
            End If
            Next j
```

```
        Loop
        a(i) = x
        List1.AddItem a(i)
Next i
Call paixu(a, 10)
For i = 1 To 10
List2.AddItem a(i)
Next i
End Sub
```

(3) 随机生成互不相同的10个三位整数,要求:利用函数过程实现求最大值功能。

```
Private Function max(b() As Integer, n As Integer)
    Dim i As Integer, m As Integer
    m = b(1)
    For i = 2 To n
      If b(i) > m Then m = b(i)
    Next i
    max = m
End Function
Private Sub Command1_Click()
    Dim a(1 To 10) As Integer, x As Integer
    Dim i As Integer, flag As Integer
    For i = 1 To 10
      flag = 1
      Do While flag = 1
        x = Int(Rnd * 900)+100
        flag = 0
        For j = 1 To i -1
        If x = a(j) Then
          flag = 1
          Exit For
        End If
      Next j
    Loop
    a(i) = x
    List1.AddItem a(i)
Next i
Text1.Text = max(a, 10)
End Sub
```

第 8 章　多窗体和程序调试

在实际应用中,较为复杂的应用程序通常由多个窗体组成,这时就要用到多重窗体的程序设计方法。本章包括多重窗体的设计和 Visual Basic 工程环境的应用实验,实验重点是帮助大家掌握建立、保存多重窗体和在窗体间进行切换的方法以及标准模块的使用方法。

实验二十　多窗体设计

一、实验目的

1. 掌握建立、保存多重窗体及在窗体间进行切换的方法。
2. 掌握关于多重窗体程序设计的语句和方法。
3. 掌握多文档界面的设计方法和应用,正确实现 MDI 窗体与子窗体的交互。

二、预备知识

(1) 添加、删除及保存窗体的方法。

(2) 设置启动窗体的方法。

(3) 加载、卸载、显示、隐藏窗体的方法。

(4) 多文档界面允许在一个窗体中显示和维护多个其他窗体,这个窗体称为父窗体(也称为 MDI 窗体)。应用中的父窗体为包含在其中的每一个子窗体提供一个工作空间。子窗体是一个普通的窗体,只是它的 MDIChild 属性被设置为 True。

三、实验示例

示例一　创建一个包含 3 个窗体的工程并保存。

示例分析:启动 Visual Basic 6.0 时会新建一个工程,此时工程就具有了一个窗体 Form1,程序需要多个窗体时,其他窗体要通过"工程"→"添加窗体"命令创建。

操作步骤:

(1) 选择"工程"→"添加窗体"命令,在打开的"添加窗体"对话框(图 8-1)中,选择"窗体"选项,之后单击"打开"按钮,此时便向工程中添加了一个新窗体,即 Form2。

(2) 使用相同的方法再向工程中添加另一个新窗体,即 Form3。

(3) 单击工具栏上的"保存"按钮,按提示依次保存 Form3、Form2、Form1 以及工程 1,文件名分别为 f3. frm、f2. frm、f1. frm 和 G1. vbp。

注意:每个窗体都单独保存成一个扩展名为. frm 的文件。如果用"文件"菜单来保存窗体和工程,应当先保存各个窗体文件,最后保存工程文件,保存的结果如图 8-2 所示。

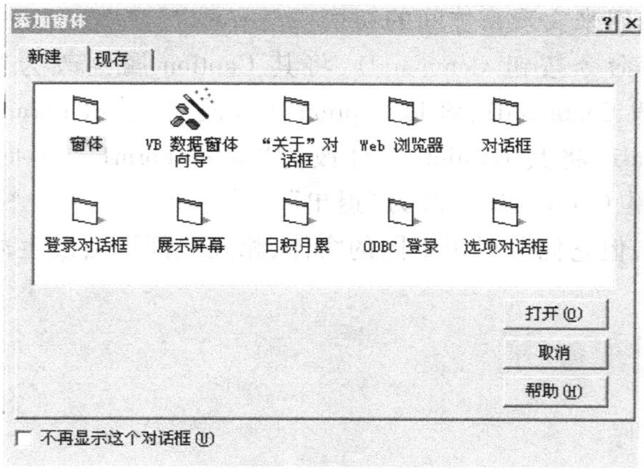

图 8-1　“添加窗体”对话框

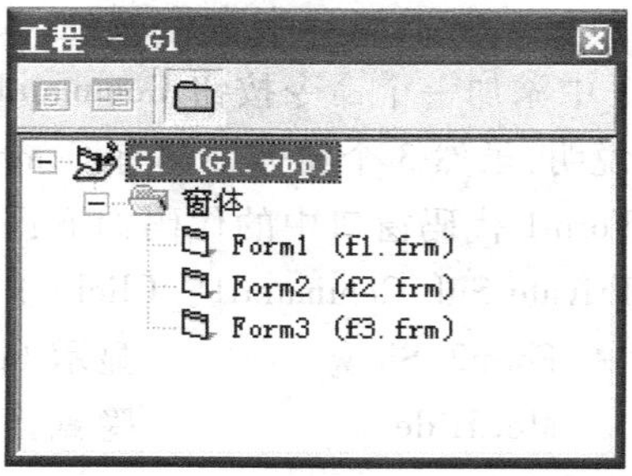

图 8-2　工程资源管理器窗口

示例二　设置启动窗体,要求设置示例一中的启动窗体为 f2.frm。

示例分析:在 Visual Basic 集成开发环境中创建新工程时,窗体 Form1 是系统默认的启动窗体。如果用户希望将其他窗体作为启动窗体,即在程序运行时首先出现在屏幕上的窗体,则需要通过“工程属性”对话框进行设置。

操作步骤:选择“工程”→“工程属性”命令,在“工程属性”对话框(图 8-3)中选择“通用”选项卡,在“启动对象”下拉列表框中选择“Form2”作为启动窗体。

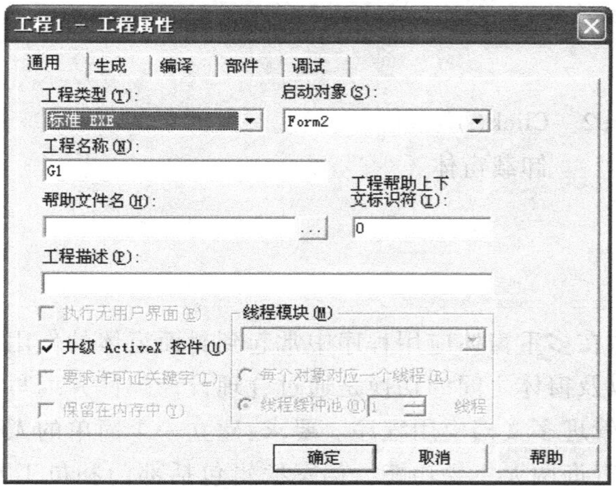

图 8-3　设置启动窗体

运行结果:再次运行工程,可以发现,程序首先显示的是 Form2。

示例三　为工程 G1.vbp 增加下述功能:通过 Form1 窗体可以显示 Form2 窗体;通过 Form2 窗体可以显示 Form3 窗体;通过 Form3 窗体可以显示 Form1 窗体,并能结束程序。

示例分析:若想通过 Form1 窗体来显示 Form2 窗体,则必须设计相应的控件来完成显示功能。例如向窗体 Form1 中添加一个命令按钮,为其 Click 事件编写显示 Form2 窗体的代码。这样,就可以为3个窗体分别添加3个命令按钮来实现窗体间的切换。

界面设计:向窗体 Form1 中添加一个命令按钮 Command1,将其 Caption 属性改为"显示 Form2";向窗体 Form2 中添加一个命令按钮 Command1,将其 Caption 属性改为"显示 Form3";向窗体 Form3 中添加一个命令按钮 Command1,将其 Caption 属性改为"显示 Form1";再向窗体 Form3 中添加一个命令按钮 Command2,将其 Caption 属性改为"退出"。

说明:虽然3个窗体中都有 Command1,但它们分属于不同的窗体,相互之间不会发生冲突。

Form1 代码窗口中的代码如下:

```
Private Sub Command1_Click()
    Form2.Show          '显示 Form2
    Me.Hide             '隐藏当前窗口
End Sub
```

Form2 代码窗口中的代码如下:

```
Private Sub Command1_Click()
    Form3.Show
    Me.Hide
End Sub
```

Form3 代码窗口中的代码如下:

```
Private Sub Command1_Click()
    Form1.Show
    Me.Hide
End Sub
Private Sub Command2_Click()
    Unload Form1        '卸载窗体
    Unload Form2
    Unload Me
End Sub
```

运行结果:启动窗体在多重窗体应用程序中常起到封面窗体的作用,在程序运行时最先显示出来,其他窗体的显示以及窗体之间的切换是通过合理设计控件并编写代码来实现的。

示例四 建立人事管理多文档应用程序。要求:建立一个简单的人事管理系统应用程序,系统包括档案编辑和数据查询两大主要功能。档案编辑包括部门和员工两部分,数据查询包括工资和职称两部分。

示例分析:略。

设计步骤:

(1) 选择"文件"→"新建工程"命令新建一个标准 EXE 工程,并修改工程名为"prjMDI"。

(2) 选择"工程"→"添加 MDI 窗体"命令,打开"添加 MDI 窗体"对话框,如图8-4所示。在"新建"选项卡中单击 打开(O) 按钮,向工程中添加一个多文档窗体。

(3) 打开添加的多文档窗体,在其"属性"窗口中设置属性:Name 属性为"frmMDI", Caption 属性为"人事管理"。

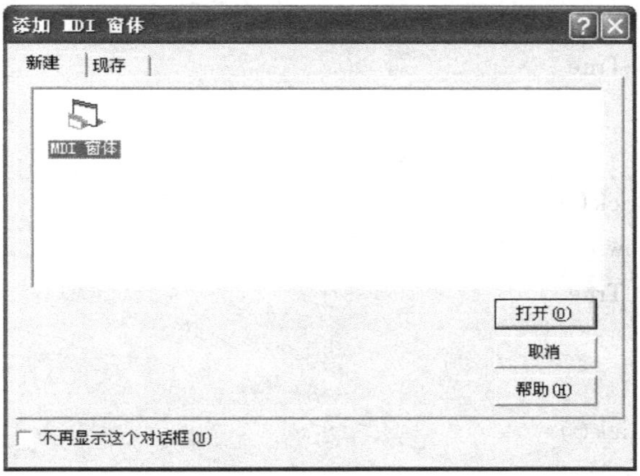

图 8-4　“添加 MDI 窗体”对话框

(4) 打开 Form1 窗体,在其“属性”窗口中设置 Name 属性为“frmDept”,Caption 属性为“部门”,MDIChild 属性为“True”。

(5) 选择“工程”→“添加窗体”命令,打开“添加窗体”对话框,在“新建”选项卡中选择“窗体”选项,然后单击 打开(O) 按钮,添加第二个子窗体。在其属性窗口中设置 Name 属性为“frmEmployee”,Caption 属性为“员工”,MDIChild 属性为“True”。

(6) 用同样的方法添加第三个子窗体,在其“属性”窗口中设置 Name 属性为“frmSalary”,Caption 属性为“工资”,MDIChild 属性为“True”。

(7) 用同样的方法添加第四个子窗体,在其“属性”窗口中设置 Name 属性为“frmProf”,Caption 属性为“职称”,MDIChild 属性为“True”。

(8) 打开多文档窗体 frmMDI,利用菜单编辑器建立多文档窗体的菜单,如图 8-5 所示。

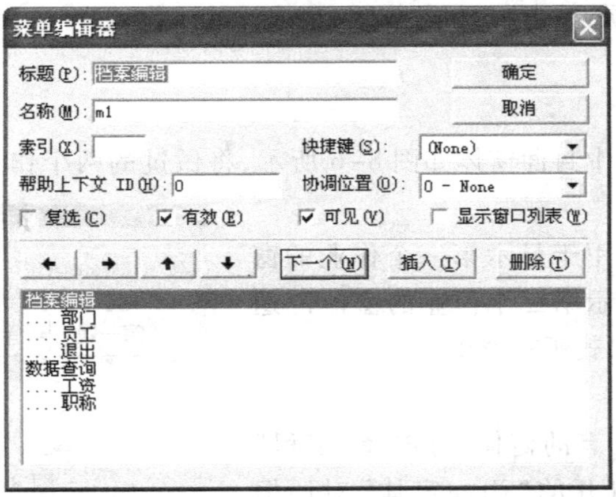

图 8-5　多文档窗体的菜单

(9) 在多文档窗体中输入相应菜单项的程序代码:

```
Private Sub m11 _ Click( )
```

```
        frmDept. Show
        m11. Checked = True
    End Sub

    Private Sub m12 _ Click( )
        frmEmployee. Show
        m12. Checked = True
    End Sub

    Private Sub m13 _ Click( )
        End
    End Sub

    Private Sub m21 _ Click( )
        frmSalary. Show
        m21. Checked = True
    End Sub

    Private Sub m22 _ Click( )
        frmprof. Show
        m22. Checked = True
    End Sub
```

(10) 选择“工程”→“prjMDI 属性”命令，打开 prjMDI 的属性对话框。在“启动对象”下拉列表框中选择“frmMDI”选项，单击 确定 按钮，完成设计工作。

四、实验内容

1. 设计 3 个窗体，其中封面窗体如图 8-6 所示，将做过的两个作业分别显示在另外两个窗体中。

要求：“第一题”按钮用于显示第一个作业的窗体，“第二题”按钮用于显示第二个作业的窗体，“退出”按钮用于结束程序，卸载所有窗口。

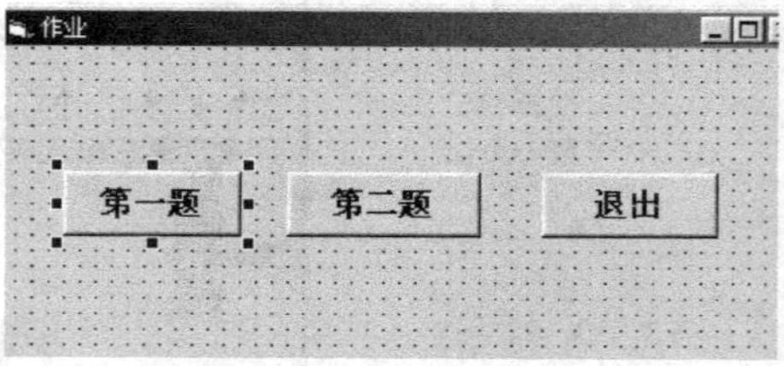

图 8-6　封面窗体

提示：

(1) 向工程中添加已有的窗体，可选择“工程”→“添加窗体”命令，在打开的“添加窗体”对话框中，选择“现存”选项卡，然后按文件路径找到文件将其打开。

(2) 在显示作业的窗体中设计一个“返回”按钮，用于卸载窗体，返回封面窗体。

2. 设计一个商场管理系统的 MDIForm 的一部分，其中的“客户服务”菜单包括 3 个菜单项：“商品查询”、“订购商品”、“客户意见”。

提示：单击客户服务的菜单项可以打开相应的子窗体。

实验二十一 Visual Basic 工程结构

一、实验目的

1. 熟悉 Visual Basic 的工程结构。
2. 掌握标准模块的使用方法。
3. 掌握 Sub Main( )过程的建立和运行方法。

二、预备知识

（1）为了在工程的所有窗体和事件过程中共享变量、自定义类型和过程，需要在该工程的一个或多个标准模块中对它们进行声明。

（2）在一个含有多个窗体或多个工程的应用程序中，有时需要在显示多个窗体之前对一些条件进行初始化，这时就需要在启动程序时执行一个特定的过程，在 Visual Basic 中称为启动过程并命名为 Sub Main( )过程。

三、实验示例

示例一 利用标准模块实现不同窗体之间数据的联系。要求：在 Form1 窗体上单击“输入第一个整数”按钮，输入第一个操作数；在 Form2 窗体上单击“输入第二个整数”按钮，输入第二个操作数；最后单击 Form3 窗体上的“显示最大公约数”按钮，在 Form3 窗体上显示前两个操作数的最大公约数。

示例分析：在多窗体应用程序中，有些公共变量或通用过程需要在标准模块中创建，在不同窗体间切换时要用到 Show 和 Hide 方法。

操作步骤：

（1）启动 Visual Basic 6.0 并新建一个工程，此时工程就具有了一个窗体 Form1。

（2）选择“工程”→“添加窗体”命令，在打开的“添加窗体”对话框（图 8-1）中，选择“窗体”选项，单击“打开”按钮，此时便向工程中添加了一个新窗体，即 Form2。

（3）使用相同的方法再向工程中添加一个新窗体，即 Form3。

（4）单击工具栏上的“保存”按钮，按提示依次保存 Form3、Form2、Form1 以及工程 1，文件名分别为 f23.frm、f22.frm、f21.frm 和 G2.vbp。

（5）选择“工程”→“添加模块”命令，在打开的“添加模块”对话框（图 8-7）中，选择“模块”选项，然后单击“打开”按钮，即向工程中添加一个标准模块。标准模块的默认名称为 Module1，最终结果如图 8-8 所示。

（6）分别在 3 个窗体上添加命令按钮控件，Caption 属性分别设置为“输入第一个整数”、“输入第二个整数”和“显示最大公约数”。

（7）程序代码如图 8-9 所示。

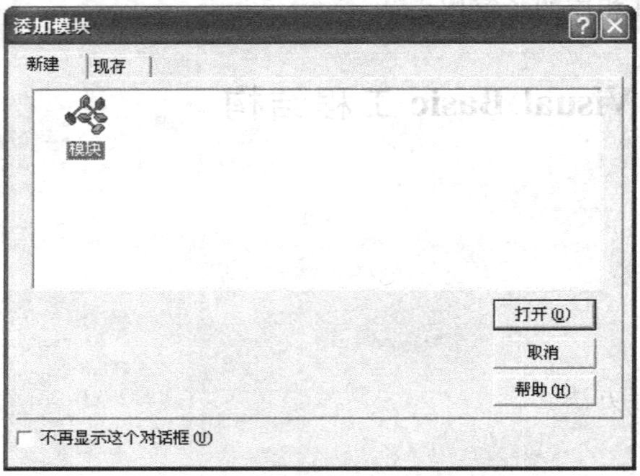

图 8-7　“添加模块”对话框

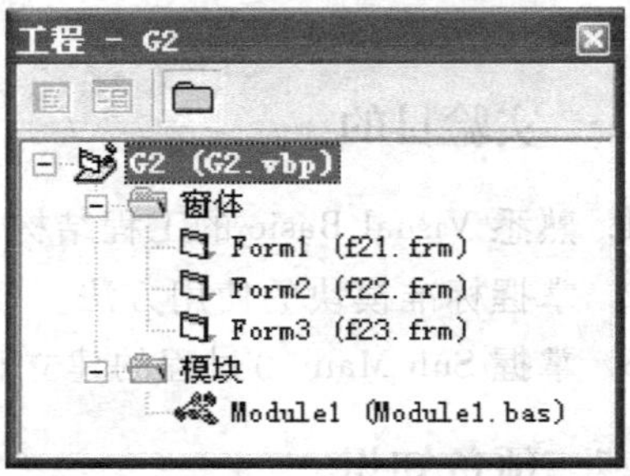

图 8-8　工程资源管理器窗口

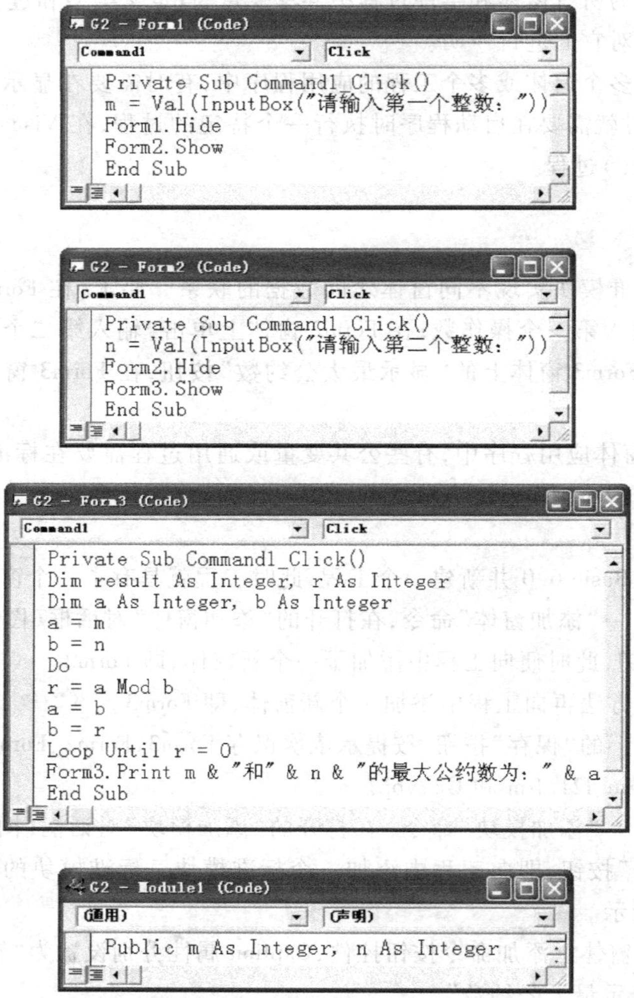

图 8-9　不同窗体中的程序代码

示例二　创建 Sub Main( )过程,实现窗体的快速显示。

示例分析:如果程序有快速显示窗体,则必须添加一个标准模块,编写 Sub Main( )过程,用于控制快速显示窗体的显示和卸载以及封面窗体的显示。当一些启动例程正在执行时,快速显示窗体能引起用户的注意,造成应用程序装载很快的错觉。当这些启动例程完成后,可以装载第一个窗体并卸载快速显示窗体。

界面设计:新建一个工程,再向工程中添加一个窗体 Form2。假设 Form1 为快速显示窗体,Form2 为应用程序的第一个窗体。将 Form1 的 BackColor 属性设置为蓝色,以便和 Form2 相区分。

在标准模块中创建一个名称为 Main 的子过程,如图 8-10 所示,并编写代码用于实现 Form1 的快速显示。

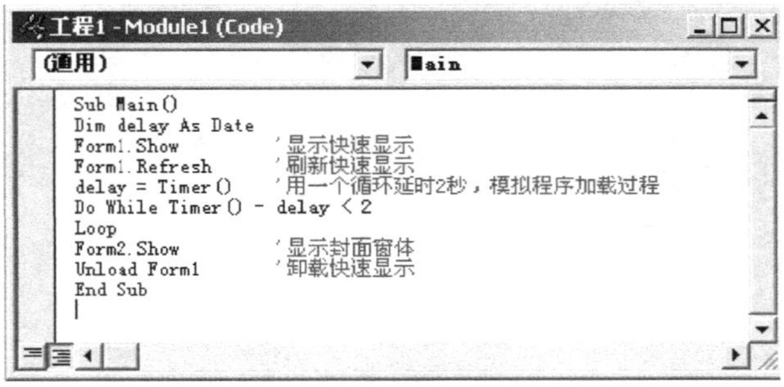

图 8-10　标准模块窗口

将工程的启动对象设置为 Sub Main。

运行工程,可以看到首先显示 Form1,2 秒后 Form1 消失,Form2 出现。

四、实验内容

设计一个游戏登录系统,包含 3 个窗体:一个快速显示窗体(形式自定)、一个“欢迎”窗体(图 8-11)、一个“游戏选择”窗体(图 8-12)。

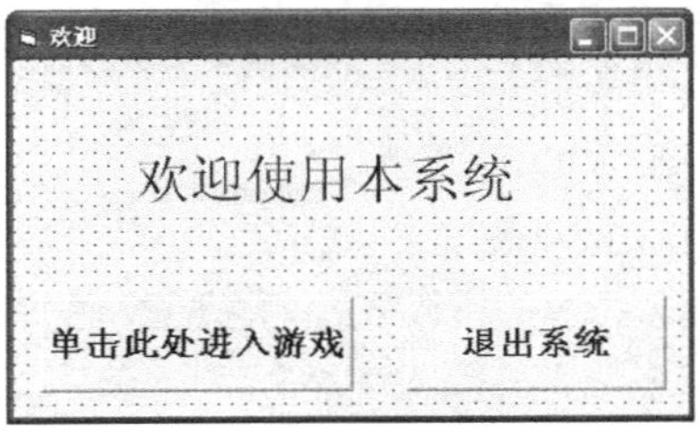

图 8-11　“欢迎”窗体

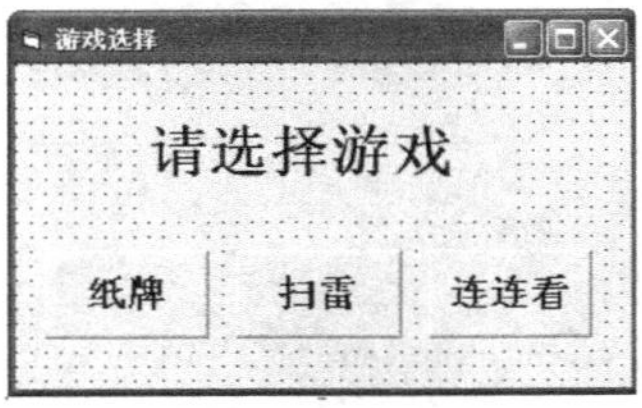

图 8-12　“游戏选择”窗体

要求:

(1) 快速显示窗体为启动窗体,卸载后显示“欢迎”窗体。

(2) 在“欢迎”窗体中单击“单击此处进入游戏”按钮时,显示“游戏选择”窗体,“欢迎”窗体消失。

（3）在“游戏选择”窗体中单击相应的游戏按钮，进入不同的游戏。

提示：本程序需要添加一个标准模块，用于创建 Sub Main 子程序实现窗体的快速显示，以及用 Shell 命令打开应用程序。

第9章 数据文件

在 Visual Basic 应用程序中，一些简单数据的输入、输出可以通过键盘和显示器来完成，当应用程序所处理的问题比较复杂，并且数据量较大时，这种简单的输入输出就不能满足要求了，这时可以使用文件进行处理。本章主要内容包括：文件的结构和分类，文件操作语句和函数，顺序文件的读、写操作，随机文件的打开、读写操作，记录的增加与删除，文件系统控件，文件的基本操作。

实验二十二 顺序文件

一、实验目的

1. 了解文件的结构和分类。
2. 掌握文件操作过程及相关的语句和函数。
3. 掌握顺序文件的打开、读、写、关闭操作并熟练应用。
4. 理解顺序文件的结构及操作的特点。

二、预备知识

1. 文件的基本概念

(1) 文件的结构：为了对数据进行有效的存储和读取，文件中的数据必须以某种特定的格式存储，这种特定的方式称为文件的结构。Visual Basic 文件由记录组成，记录由字段组成，字段由字符组成。

(2) 文件：文件是存储在外部存储器上具有符号名的一组相关信息的集合。根据计算机存取文件方式的不同，可以将文件分为顺序文件、随机文件和二进制文件。

(3) 顺序文件：顺序文件一般是普通的文本文件，文件中的记录只能按从头至尾的顺序存放。顺序文件结构简单，只能顺序读、写。

(4) 随机文件：可按任意次序进行读、写的文件。随机文件中的每条记录的长度是固定的，记录中每个字段的长度也是固定的。每条记录都有一个记录号。只要指定记录号，就可以把数据直接存入指定的位置或直接读取该记录。

(5) 二进制文件：以二进制方式进行编码和保存，以字节数来定位数据，允许程序按所需的任何方式组织和访问数据。

2. 文件操作过程

文件操作可分为 3 个步骤：打开、读写、关闭。

(1) 打开文件：文件必须先打开或建立后才能使用。打开文件需指定要操作的文件名、文件类型、操作方式及文件号。

（2）读写文件：从文件中读数据或把数据写入文件中。

（3）关闭文件：完成读写操作后关闭文件，释放相关资源。

3. 文件操作有关的函数

（1）LOF（文件号）：文件长度函数，返回文件的字节数。如果返回0，则表示该文件是一个空文件。

（2）FreeFile 函数：返回一个在程序中没有使用的文件号。当在程序中打开的文件较多时，通过这个函数可以避免使用其他 Sub 或 Function 过程正在使用的文件号。

（3）EOF（文件号）：EOF 函数用来测试文件的结束状态。读文件时，若到了文件末尾，则该函数值为 True，否则为 False。

4. 顺序文件操作语句

（1）为了写入顺序文件而打开或新建文件语句：

Open 文件名 For Output As #文件号

（2）为了向文件尾追加记录而打开顺序文件语句：

Open 文件名 For Append As #文件号

（3）为了读而打开顺序文件语句：

Open 文件名 For Input As #文件号

（4）写顺序文件语句：

Write #文件号，表达式列表

Print #文件号，表达式列表

（5）读顺序文件语句：

Input #文件号，变量列表

Line Input #文件号，字符串变量

（6）读顺序文件函数：

Input(n，#文件号)

（7）关闭文件语句：

Close [#文件号]

三、实验示例

示例一 建立一个顺序文件 D:\student.dat，把全班同学的姓名和数学成绩写入该文件。

示例分析：该题涉及顺序文件的打开、写与关闭操作。因此首先以 Output 方式打开文件，为数据写入做好准备；另外，全班同学信息的输入应根据学生人数采用循环结构完成，学生人数在程序运行时由键盘输入。可以在命令按钮的单击事件过程中编写程序。

程序代码如下：

```
Private Sub Command1_Click()
    Dim num As Integer, name As String, score As Integer
    num = InputBox("请输入学生人数")         '由键盘输入学生人数
    Open "D:\student.dat" For Output As #1
    For i = 1 To num
```

```
        name = InputBox("请输入姓名")
        score = InputBox("请输入数学成绩")
        Print #1, name, score
    Next i
    Close #1
End Sub
```

示例二 随机产生20个两位正整数,并写入顺序文件in1.txt中;接着利用顺序文件的读语句从文件中读出数据显示到文本框Text1中;同时对读出的数据按升序排序,将排序后的数据显示到文本框Text2中,同时写入另一个顺序文件Out1.dat中。

示例分析:本例是对顺序文件进行读、写操作。关键点是把存储在文件中的数据依次读出来存入数组中,并对读出的数据进行升序排序,再把排序后的数据依次写入文件中。

界面设计如图9-1所示。

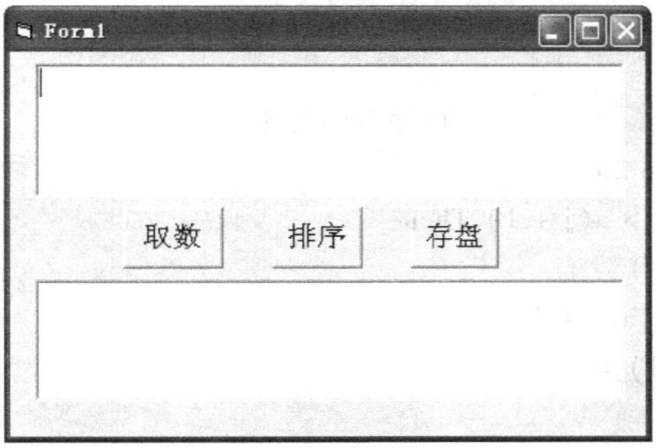

图9-1 示例二程序界面

在窗体上添加两个文本框,并将其MultiLine属性设置为True,能多行显示;3个命令按钮,标题分别为“取数”、“排序”、“存盘”。单击“取数”按钮将“D:\in1.txt”文件中的20个整数读到数组中,并在Text1中显示出来;单击“排序”按钮对20个数按升序排序,并显示在Text2中;单击“存盘”按钮把排好序的20个数写入“D:\out1.dat”文件中。

程序代码如下:

```
Dim a(20) As Integer    '声明窗体级数组
Private Sub Form_Load()
  Dim i As Integer
  Open "D:\in1.txt" For Output As #1
  For i = 1 To 20
   Write #1, Int(Rnd * 90 + 10) '将随机产生的两位正整数写入文件中
  Next i
  Close #1
End Sub
```

```
Private Sub Command1_Click()              '取数
    Dim k As Integer, ch As String
    Open "D:\in1.txt" For Input As #1
    ch = ""
    For k = 1 To 20
        Input #1, a(k)              '读取文件数据,存放在数组 a 中
        ch = ch + Str(a(k))
    Next k
    Close #1
    Text1.Text = ch  '将读出的数据显示到文本框中
End Sub
Private Sub Command2_Click()    '排序
    Dim t As Integer, ch As String
    ch = ""
    For i = 1 To 19                 '排序数组元素
        For j = 1 To 20 - i
            If a(j) > a(j + 1) Then
            t = a(j)
            a(j) = a(j + 1)
            a(j + 1) = t
            End If
        Next j
    Next i
    For i = 1 To 20
        ch = ch + Str(a(i)) + " "
    Next i
    Text2.Text = ch      '将排序后的数据显示到文本框 2 中
End Sub

Private Sub Command3_Click()     '存盘
    Open "D:\out1.dat" For Output As #1
    For i = 1 To 20
        Write #1, a(i)   '将排序后的数据写入文件 out1.dat 中
    Next i
    Close #1
End Sub
```

示例三 从数据文件 D:\in2.txt 中读取学生的成绩,分别统计总人数、平均分、及格人数和不及格人数,将统计结果显示在相应的文本框中,同时写入顺序文件 D:\out2.txt 中长期保存。

示例分析：本例是对顺序文件进行读、写操作。因为文件中有若干学生，学生人数未知，且一次只能读一个学生的成绩，所以采用 Do While…Loop 循环，循环结束的条件是读到文件末尾，即 EOF( )函数的值为 True。

界面设计：在窗体上添加 4 个标签和 4 个文本框，还有两个命令按钮，标题分别为“读取并统计”、“写文件”。“读取并统计”按钮的功能是将 D:\in2. txt 文件中的学生成绩读出来，为了便于进行成绩的判断应将成绩存入数组中，通过 For 循环语句遍历数组，并用 If 语句对数组中存储的成绩进行判断，通过累加统计及格人数和不及格人数，将各分数段的人数和总人数显示在相应的文本框中，并求出平均分。“写文件”按钮的功能是将统计结果保存到 D 盘根目录下的 out2. dat 文件中，并弹出 MsgBox 对话框，提示“保存成功”。设计界面如图 9-2 所示。

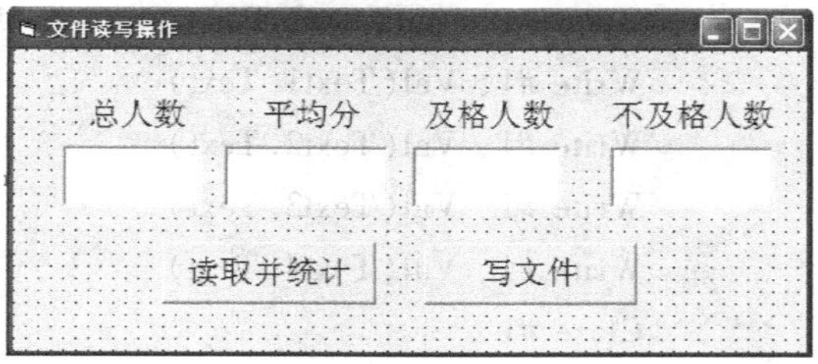

图 9-2　示例三设计界面

程序代码如下：

```
Private Sub Form_Load( )
      Dim i As Integer
      Randomize
      Open "D:\In2. txt" For Output As #1
      For i = 1 To 100
         Write #1, Int(Rnd * 101)  '随机产生学生成绩
      Next i
      Close #1
End Sub
Private Sub Command1_Click( )
    Dim a( ) As Integer, n As Integer
    Dim sum As Long, C1 As Integer, C2 As Integer
    Open "D:\in2. txt" For Input As #1
      n = 0
      Do While Not EOF(1)
         Input #1, x           '读取学生成绩
         n = n + 1             '记录下标和人数
         ReDim Preserve a(n)
         a(n) = x             '将读出的数据存入数组 a 中
      Loop
      Close #1
      For i = 1 To n
      If a(i) >= 60 Then
          C1 = C1 + 1                  '统计及格人数
      Else
          C2 = C2 + 1                  '统计不及格人数
      End If
```

```
        sum = sum + a(i)    '计算总成绩
        Next i
        Text1.Text = n
        Text2.Text = sum / n    '计算平均分
        Text3.Text = C1
        Text4.Text = C2
End Sub
Private Sub Command2_Click()
        Open "D:\out2.txt" For Output As #1
        Write #1, Val(Text1.Text)
        Write #1, Val(Text2.Text)
        Write #1, Val(Text3.Text)
        Write #1, Val(Text4.Text)
        Close #1
        MsgBox "保存成功"
End Sub
```

四、实验内容

1. 某班有若干名学生,通过 InputBox()函数输入学生人数,编程将全部学生的姓名及英语成绩写入到一个顺序文件中,文件名为 score.dat,用命令按钮的单击事件完成。

提示:(1) 用 Open 语句的 Output 方式新建文件。

(2) 采用 For 循环语句输入若干学生记录。

(3) 用 Write 语句写入学生记录。

(4) 用 Close 语句关闭文件。

2. 从上面的顺序文件 score.dat 中读出全部学生记录,将学生英语成绩高于平均成绩的学生记录写入另一个新文件 beifen.dat 中。

提示:

(1) 用 Open 语句的 Input 方式打开文件 score.dat。采用 Do While…Loop 循环结构读出所有学生记录,并求出英语成绩总和与总人数,计算平均成绩。

(2) 用 Seek #1,1 语句把文件指针重新移到文件 score.dat 开头,读取每个学生记录,判断其英语成绩是否高于平均成绩,若是再将其写入 beifen.dat 文件中。

(3) 用 Close# 文件号关闭两个文件。

五、思考题

1. 顺序文件的写操作 Print#语句和 Write#语句有什么区别?

2. 在顺序文件中,每条记录的长度都相等吗?

实验二十三 随机文件

一、实验目的

1. 掌握随机文件的打开方式。
2. 理解记录的概念和记录长度的含义。
3. 掌握随机文件的读、写语句及使用方法。

二、预备知识

(1) 随机文件是以固定长度的记录为单位进行操作的,记录可由多个数据项组成。

(2) 如果记录内容不止一项,而是由多个数据项组成,此时需要定义记录类型以及这种类型的变量来存储记录的内容。

(3) 使用 Type 语句定义记录类型,其格式为:

```
Type <记录类型标识符>
<数据项 1>    As    <数据类型>
<数据项 2>    As    <数据类型>
      ⋮
End Type
```

(4) 随机文件打开语句:

Open 文件名 For Random As #文件号 len=记录长度

(5) 向随机文件中写记录:

Put #文件号,[记录号],变量

(6) 从随机文件中读记录:

Get #文件号,[记录号],变量

(7) 计算随机文件中记录个数的公式:

记录个数=LOF(文件号)/Len

三、实验示例

示例一 将学生信息(包括姓名和专业)保存到随机文件中。

示例分析:题目要求将学生的姓名和专业保存到随机文件中,所以应先定义包含两个数据元素的记录类型,定义如下:

```
Type person
    name As String * 8          '姓名为定长字符串,长度为8
    major As String * 20        '专业也是定长字符串,长度为20
End Type
```

记录长度:记录长度是记录中每一个数据项所对应的字节数之和。

记录类型 person 中两个数据项的长度之和为 28,所以一条记录的长度为 28 个字节。

由于文件的字节长度可以通过 LOF 函数求得，所以打开随机文件后，即可计算出文件中包含的记录数。记录数=文件长度/记录长度。

界面设计：窗体上有两个标签和两个文本框，还有一个命令按钮，界面设计如图 9-3 所示。

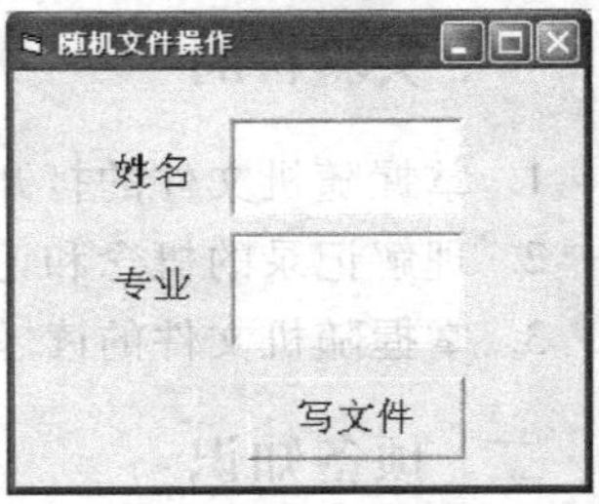

图 9-3 示例一界面设计

程序代码如下：

在标准模块 Module1 中定义的记录类型如下：

```
Type person
    name As String * 8
    major As String * 20
End Type
'在窗体通用声明段定义窗体级变量 p 和 Lastrecord
Dim p As person              '定义 person 类型的变量 p
Dim lastrecord As Integer    'lastrecord 变量用于存放记录数
Private Sub Command1_Click( )
    p.name = Text1.Text
    p.major = Text2.Text
    lastrecord = lastrecord + 1
    Put #1, lastrecord, p
End Sub

Private Sub Form_Load( )
    Open "D:\test.dat" For Random As #1 Len = Len(p)
    lastrecord = LOF(1) / Len(p)
End Sub
```

示例二 读写随机文件。要求：(1) 能以追加方式建立一个随机文件；(2) 能修改某一条记录；(3) 能显示任意一条记录；(4) 能显示文件内容；(5) 能删除一条记录。

示例分析：题目要求将学生的姓名和成绩追加到随机文件中，所以应先定义记录类型，定义如下：

```
Type student
  name As String * 8
  score As Integer
End Type
```

记录类型 student 中有两个数据项，其中数据项 name 的长度为 8 个字符；数据项 score 为 Integer类型，长度为 2 字节，所以一条记录的长度为 10 字节。

追加记录：在随机文件中追加记录，实际上是在文件的末尾附加记录。其方法是，先找到文件中最后一条记录的记录号，然后把要增加的记录写到它的后面。

删除记录：在随机文件中删除一条记录时，并不是真正删除记录，而是把下一条记录重写到要删除的记录的位置上（即要删除的记录被后面前移的记录而覆盖掉），其后的所有记录依次前移。

界面设计:本题由一个窗体模块和一个标准模块组成。在窗体上添加 6 个命令按钮,分别实现 6 项功能,两个文本框用来输入姓名和成绩。每条记录由姓名和成绩两个数据项构成，在标准模块中定义一个记录类型 Student。记录用 InputBox( ) 函数输入,用文本框和列表框输出，界面设计如图 9-4 所示。

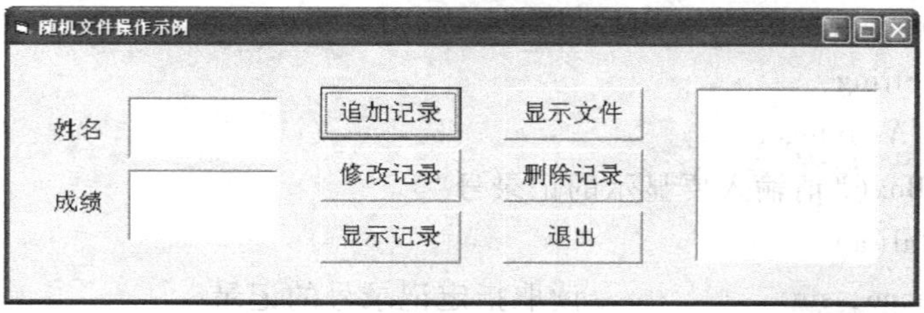

图 9-4　示例二界面设计

标准模块代码如下:

```
Type student
  name As String * 8
  score As Integer
End Type
```

窗体模块代码如下:

```
Dim stu As student, lastrecord As Integer
Private Sub Form_Load( )
    Open "record. dat" For Random As #1 Len = Len(stu)
    lastrecord = LOF(1) / Len(stu)   '计算记录数
End Sub
Private Sub Command1_Click( )   '追加记录
    stu. name = Text1. Text
    stu. score = Val(Text2. Text)
    lastrecord = lastrecord + 1
    Put #1, lastrecord, stu          '将文本框中的数据写入文件中
End Sub
Private Sub Command2_Click( )  '修改记录
    Dim a As String, cj As Integer
    Dim recno As Integer
    recno = Val(InputBox("请输入要修改的记录号"))
    Get #1, recno, stu
    Text1. Text = stu. name
    Text2. Text = stu. score
    a = InputBox("请输入姓名", , stu. name)
    stu. name = a
```

```
    cj = InputBox("请输入成绩", , stu.score)
    stu.score = cj
    Put #1, recno, stu          '将通过键盘输入的信息写入文件中
End Sub
Private Sub Command3_Click() '显示记录
    Dim a As String
    Dim recno As Integer
    a = InputBox("请输入要显示的记录号")
    recno = Val(a)
    Get #1, recno, stu                '读取指定记录号的记录
    Text1.Text = stu.name
    Text2.Text = stu.score
End Sub

Private Sub Command4_Click() '显示文件
    Dim i As Integer
    For i = 1 To lastrecord
      Get #1, i, stu
      List1.AddItem stu.name & stu.score
    Next i
End Sub
Private Sub Command5_Click()  '删除记录
    Dim p As Integer
    p = Val(InputBox("请输入要删除的记录号"))
    Do While p > lastrecord
        MsgBox ("要删除的记录超出范围")
        p = Val(InputBox("重新输入要删除的记录号"))
    Loop
    For i = p + 1 To lastrecord
        Get #1, i, stu
        Put #1, i - 1, stu    '删除记录后面的内容依次前移
    Next i
    lastrecord = lastrecord - 1
End Sub
Private Sub Command6_Click()
    Close #1          '关闭文件
    Unload Me         '卸载窗体
End Sub
```

四、实验内容

1. 建立一个随机文件，用来保存 10 名职工的信息（职工号、姓名、工资），文件名为 work. dat。

提示：需要先定义记录类型；利用 for 循环输入 10 名职工信息（用 InputBox 输入）。

2. 建立一个名称为 Data 的随机文件，存放角度值以及这些角度的正弦函数值和余弦函数值，角度为 1，2，3，…，90。

提示：需要先定义记录类型；利用 for 循环输入角度。

五、部分习题答案

1. 选择题

（1）C （2）D （3）B （4）C （5）A （6）C （7）A （8）B （9）B （10）D

2. 填空题

（1）顺序文件、随机文件　（2）Input、Write　（3）2　（4）Output　（5）Change

3. 程序设计

（1）用记事本建立一个文本文件 data1. txt，在该文件中输入 20 个整数。编写程序，从 data1. txt 文件中读出数据，找出其中的素数，并将素数输出到 data2. txt 文件中。

```
Private Sub Command1_Click( )
Dim i As Integer, n As Integer
Open "D:\data1. txt" For Input As #1
Open "D:\data2. txt" For Output As #2
Do While Not EOF(1)
    Input #1, n
    For i = 2 To n - 1
      If n Mod i = 0 Then
      Exit For
      End If
    Next i
    If i = n Then
    Write #2, n
    End If
Loop
Close #2, #1
End Sub
```

第 10 章　用户界面设计

菜单、工具栏和对话框是用户与应用程序之间交互的重要方式。本章实验将对这些部分进行设计，重点是学习菜单和工具栏的建立与使用方法，以及通用对话框控件的应用。

实验二十四　菜 单 设 计

一、实验目的

1. 掌握下拉式菜单和弹出式菜单的设计方法。
2. 掌握菜单事件过程的编写方法。

二、预备知识

(1) 使用菜单编辑器建立菜单。
(2) 菜单项的控制：有效性控制、菜单项标记、键盘选择。
(3) 弹出式菜单的显示方法。

三、实验示例

示例一　建立窗口菜单，实现一个简易文本编辑器，如图 10-1 所示。文本框中文本的字体属性由菜单“设置”中的各菜单项来指定，当选择“退出”菜单时则退出应用程序。在设计菜单时，给“设置”及“字体”、“字号”、“字形”子菜单分别加上热键“C”、“N”、“S”和“X”，给“退出”菜单加上热键“Q”。

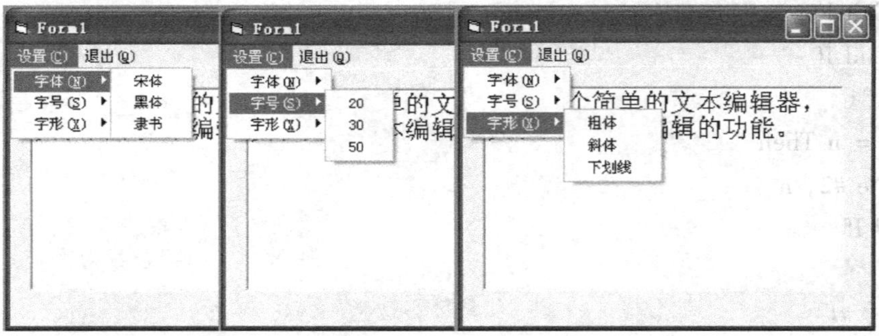

图 10-1　简易文本编辑器界面

示例分析：建立下拉式菜单使用“菜单编辑器”。第一层菜单又称为主菜单，在本示例中有两个主菜单，分别是“设置”和“退出”，每个主菜单后面括号中带下划线的字母表示热键，运行时可以通过“Alt+带下划线的字母”打开相应的菜单，输入菜单标题时在字母前加上“&”即可实现。

主菜单中又包含子菜单，设计时通过内缩符号实现。

设计步骤：

（1）新建一个工程，选择“工具”→“菜单编辑器”命令或者单击工具栏上的按钮，打开“菜单编辑器”对话框。

（2）在“标题”文本框中输入“设置(&C)”，在“名称”文本框中输入“set”。

（3）单击编辑区中的“下一个”按钮。

（4）在“标题”文本框中输入“字体”，在“名称”文本框中输入“zt”。单击编辑区的右箭头，将后续菜单设置为“字体”菜单的下一级菜单。

（5）依次输入菜单中的各项。菜单项的属性设置如表 10-1 所示。

表 10-1　菜单项的属性设置

Caption	Name	内缩符号	Caption	Name	内缩符号	Caption	Name	内缩符号
设置(&C)	set	无	字号(&S)	zh	1	字形(&X)	zx	1
字体(&N)	zt	1	20	Hao1	2	粗体	ct	2
宋体	st	2	30	Hao2	2	斜体	xt	2
黑体	ht	2	50	Hao3	2	下划线	xhx	2
隶书	lsh	2				退出(&Q)	exit	无

（6）设计完成后的对话框如图 10-2 所示，单击“确定”按钮，完成菜单的建立工作。

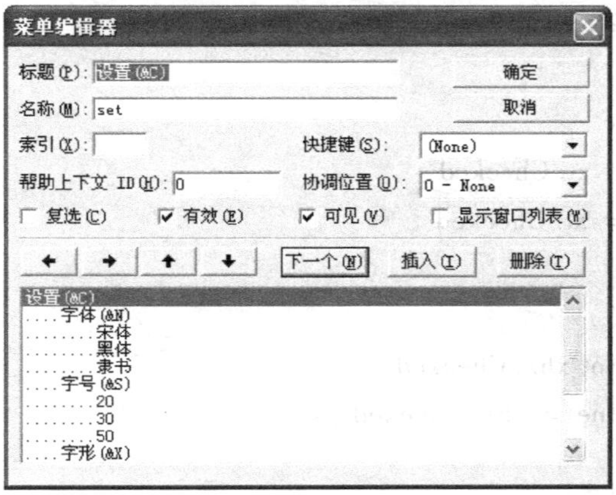

图 10-2　利用菜单编辑器建立菜单

程序代码如下：

```
Private Sub st_Click( )
    Text1.FontName = "宋体"
End Sub
Private Sub ht_Click( )
    Text1.FontName = "黑体"
```

```
End Sub

Private Sub lsh_Click( )
    Text1. FontName = "隶书"
End Sub

Private Sub hao1_Click( )
    Text1. FontSize = 20
End Sub

Private Sub hao2_Click( )
    Text1. FontSize = 30
End Sub

Private Sub hao3_Click( )
    Text1. FontSize = 50
End Sub
Private Sub ct_Click( )
    ct. Checked = Not ct. Checked    '切换"粗体"菜单项的选中与不选中状态
    Text1. FontBold = ct. Checked  '改变文本框的粗体状态
End Sub
Private Sub xt_Click( )
    xt. Checked = Not xt. Checked
    Text1. FontItalic = xt. Checked
End Sub
Private Sub xhx_Click( )
    xhx. Checked = Not xhx. Checked
    Text1. FontUnderline = xhx. Checked
End Sub
```

示例二 在示例一的基础上进行如下修改,把"字号"子菜单作为文本框的弹出式菜单。

示例分析:建立弹出式菜单和建立下拉式菜单的方法一样,只是必须将菜单标题设置为不可见。在菜单编辑器对话框中选择"字号"菜单项,如图 10-3 所示,取消选中"可见"复选框(在默认状态下该复选框为选中状态)。编写文本框的鼠标按下(MouseDown)事件过程,用窗体的 PopupMenu 方法显示弹出式菜单。

程序代码如下:

```
Private Sub Text1_MouseDown(Button As Integer, Shift As Integer, X As Single, Y As Single)
If Button = 2 Then                    '判断用户按下的是否是鼠标右键
Form1. PopupMenu zh                    '弹出"字号"菜单
```

```
End If
End Sub
```

运行程序,结果如图 10-4 所示。

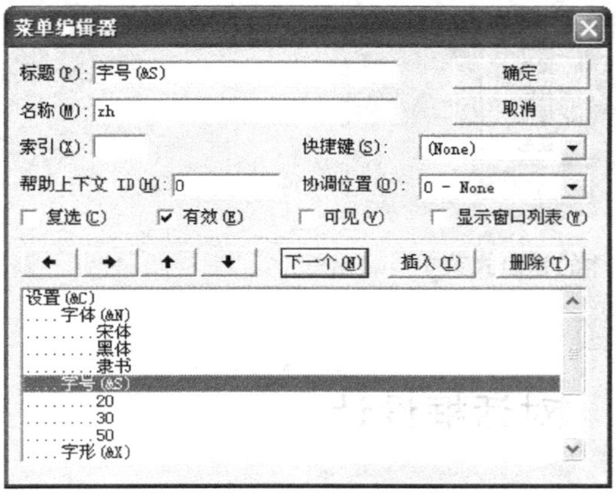

图 10-3　在菜单编辑器中取消选中“可见”复选框

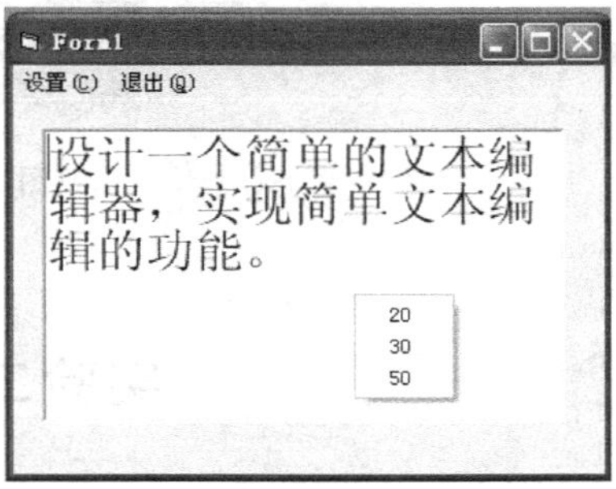

图 10-4　自定义弹出式菜单

四、实验内容

1. 设计一个菜单程序,菜单项如图 10-5 所示,当用户选择某一菜单项时,应能启动相应的程序。

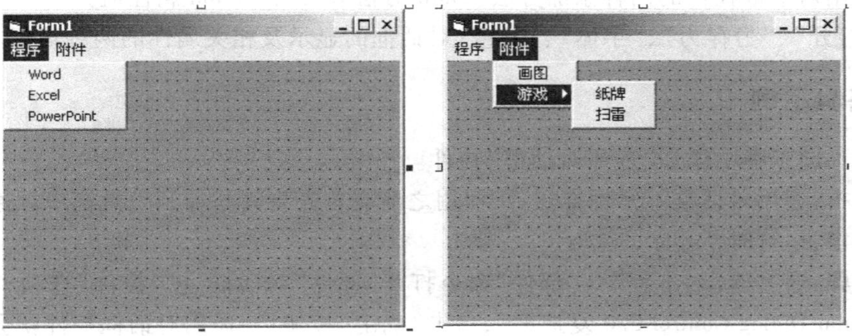

(a)　　　　(b)

图 10-5　菜单项

提示:在 Visual Basic 中启动应用程序可以使用 Shell 函数,例如下条语句可以启动 Word 应用程序:

Shell ("C:\Program Files\Microsoft Office\Office\Winword.exe"), vbNormalFocus

2. 设计窗体的弹出式菜单,可实现窗体背景颜色的改变,运行时的界面如图 10-6 所示。

提示:

(1) 应设计一个菜单 MenuColor,其可见属性为“不可见”,包含 5 个子菜单。

(2) 窗体的背景色由 BackColor 属性控制。

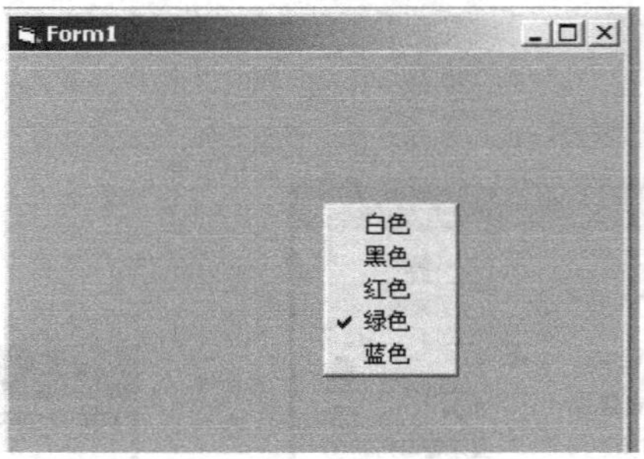

图10-6 窗体的弹出式菜单

实验二十五 对话框设计

一、实验目的

1. 掌握利用通用对话框控件创建标准对话框的方法。
2. 掌握“打开”、“另存为”、“字体”、“颜色”对话框的相关属性设置方法。

二、预备知识

(1) 通用对话框控件的两种添加方法(Show方法和设置Action属性值)。
(2) “打开”、“另存为”、“字体”、“颜色”对话框的显示及相关属性的两种设置方法。

三、实验示例

示例一 向工程中添加“通用对话框”控件。

示例分析:通用对话框不是标准控件,使用之前应首先将其添加到工具箱中。通用对话框控件的大小固定,运行时不显示。

设计步骤:通过选择“工程”→“部件”命令打开“部件”对话框,在“控件”选项卡中选中“Microsoft Common Dialog Control 6.0复选框”,单击“确定”按钮后,通用对话框控件就会被加入到工具箱中,这时就可以像使用标准控件一样将其添加到窗体中,如图10-7所示,通用对话框的默认名称为CommonDialog1。

示例二 对实验二十四中的示例进行修改。把“字体”、“字号”和“字形”三项合为“字体”一项,增加菜单项“颜色”,并加上热键“F”。增加“文件”菜单,含有“打开”、“保存”和“退出”3个菜单项,并分别加上热键“O”、“S”和“Q”及快捷键,结果如图10-8所示。

要求:当单击“字体”菜单项后,弹出“字体”对话框;单击“颜色”菜单项后弹出“颜色”对话框;单击“打开”菜单项,则弹出“打开”文件对话框,且只显示“*.txt”文件,选定文件后,单击对话框中的“打开”按钮后,则打开相应的文件,将其内容读出,按前面设置的属性显示在文本框中;单击“保存”菜单项后,弹出“另存为”文件对话框,输入文件名后,单击对话框中的“保存”按钮,则将当前文本框中的内容写入相应的文件中。

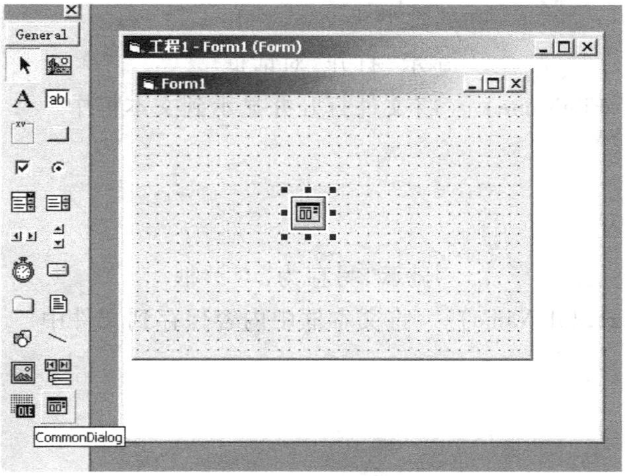

图 10-7 向工程中添加通用对话框控件

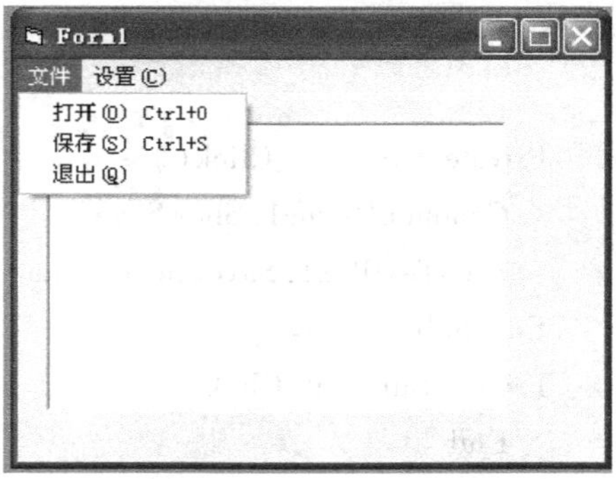

图 10-8 运行界面

示例分析：文件的打开、另存以及颜色的设置要用到通用对话框控件（在这里对话框的打开用到了两种方法），通用对话框只提供标准的对话框界面，不能自动实现“打开”和“保存”功能，这些功能必须通过编写代码来实现。文本文件被打开后可以在文本框中显示出来，用 RichTextBox 控件较为方便；命令可以用菜单实现，也可以用命令按钮实现，考虑到该程序中的命令较少，因此选用命令按钮。

界面设计：在窗体上添加通用对话框控件、一个 RichTextBox 控件，如图 10-9 所示。

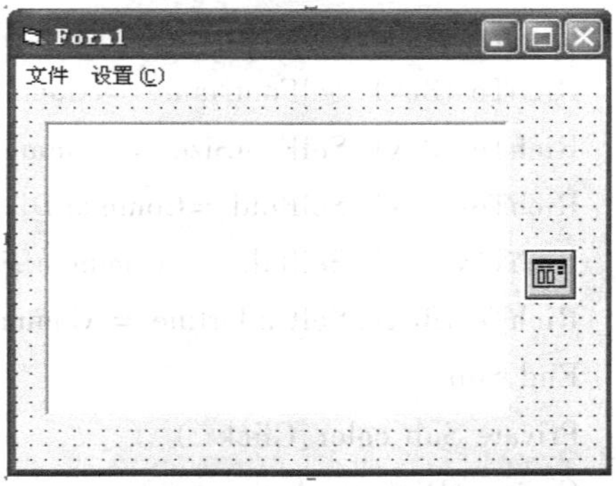

图 10-9 设计界面

说明：RichTextBox 控件的使用与通用对话框类似，需要先通过选择“工程”菜单中的“部件”命令打开“部件”对话框，选中“Microsoft RichTextbox Control 6.0”复选框将其添加到工具箱中再使用。各控件属性设置如表 10-2 所示。

表 10-2 控件属性设置

对象	属性名称	属性值
RichTextBox	Name Text Scrollbars	RichTextBox1 空 2-rtfVertical
Form	Name	Form1
CommonDialog	Name	CommonDialog1

“文件”菜单中 3 个菜单项的事件代码如下：

```
Private Sub open_Click( )
CommonDialog1. Filter = "All File( *. * ) | *. * |文本文件( *.txt) | *.txt"
                                                      '设置文件类型列表
```

```
CommonDialog1.FilterIndex = 2                    '初始类型为文本文件
CommonDialog1.ShowOpen                            '显示"打开"对话框
RichTextBox1.LoadFile (CommonDialog1.FileName)   '将文件打开并显示到文本框中
End Sub

Private Sub save_Click()
  CommonDialog1.ShowSave                          '显示"另存为"对话框
  RichTextBox1.SaveFile (CommonDialog1.FileName)  '将文本框中内容保存到文件中
End Sub
Private Sub exit_Click()
  End
End Sub
```

“设置”菜单的两个菜单项的程序代码如下：

```
Private Sub zt_Click()
CommonDialog1.Flags = cdlCFBoth Or cdlCFEffects
CommonDialog1.Action = 4     '显示"字体"对话框
RichTextBox1.SelFontName = CommonDialog1.FontName
RichTextBox1.SelFontSize = CommonDialog1.FontSize
RichTextBox1.SelBold =CommonDialog1.FontBold
RichTextBox1.SelItalic = CommonDialog1.FontItalic
RichTextBox1.SelUnderline = CommonDialog1.FontUnderline
End Sub
Private Sub color_Click()
CommonDialog1.Action = 3       '显示"颜色"对话框
RichTextBox1.SelColor = CommonDialog1.Color
End Sub
```

运行结果如图10-10所示。

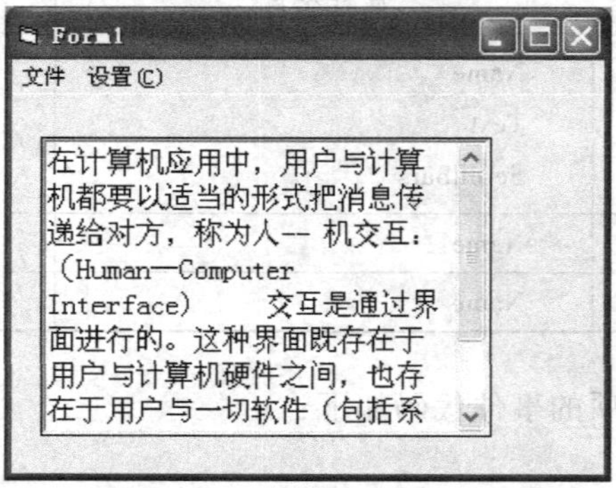

图10-10 示例二的运行结果

四、实验内容

1. 编写应用程序，利用对话框控件打开文件，要求：单击“浏览图片”命令按钮，弹出“打开”对话框，从中选择一个 *.BMP 文件，单击“确定”按钮，选定图片显示在图片框中。程序设计界面如图 10-11 所示。

2. 用通用对话框设置窗体的背景色，参考界面如图 10-12 所示。

图 10-11　程序设计界面

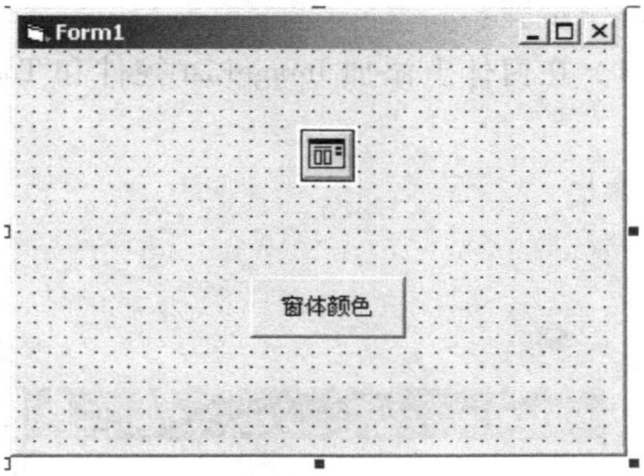

图 10-12　参考界面

3. 编写 Command1 的 Click 事件过程代码：调用“另存为”对话框（通过控件 CommonDialog1）选择文件，将所选的文件名追加到列表框控件 List1 中。

实验二十六　工具栏设计

一、实验目的

1. 掌握工具栏的设计方法。
2. 掌握工具栏事件过程的编写方法。

二、预备知识

1. 创建工具栏需要用到 ToolBar 控件和 ImageList 控件，这两个控件不是 Visual Basic 的标准控件，使用之前必须将它们添加到工具箱中。

2. 创建工具栏分三步进行：先建立图像列表，接着建立工具栏，最后编写工具栏代码。

三、实验示例

示例一　向工程中添加“ToolBar 控件和 ImageList 控件”。

示例分析：ToolBar 控件和 ImageList 控件不是标准控件，使用之前应首先将其添加到工具箱中。

操作步骤：通过选择“工程”→“部件”命令打开“部件”对话框，在“控件”选项卡中选择“Microsoft Windows Common Control 6.0”复选框，单击“确定”按钮后，ToolBar 控件和 ImageList 控件就会被加入到工具箱中,这时就可以像使用标准控件一样将它们添加到窗体中,如图10-13所示。

示例二 为前面示例中的"字形"子菜单中的菜单项建立相应的工具栏按钮。

示例分析:首先应该建立图像列表以便生成相应的工具按钮,使用的图像可以从系统文件夹里找到(C:\Program Files\Microsoft Visual Studio\Common\Graphics\Bitmaps\TlBr_W95),将工具按钮和这些图像进行关联,最后编写工具栏的ButtonClick事件程序代码。

操作步骤:

(1) 在窗体上添加ImageList控件和ToolBar控件,如图10-14所示。

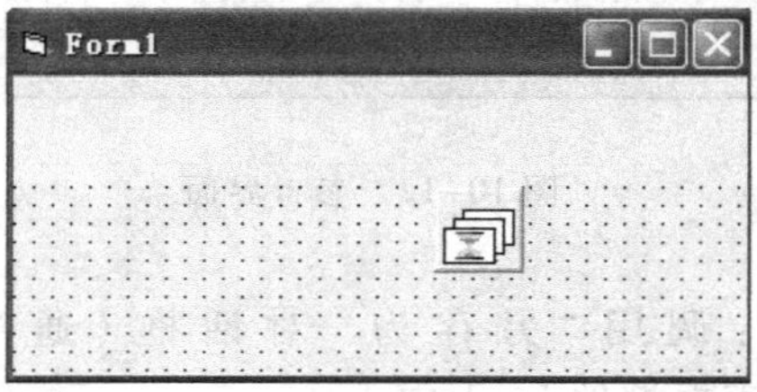

图10-13 向窗体中添加ToolBar控件和ImageList控件

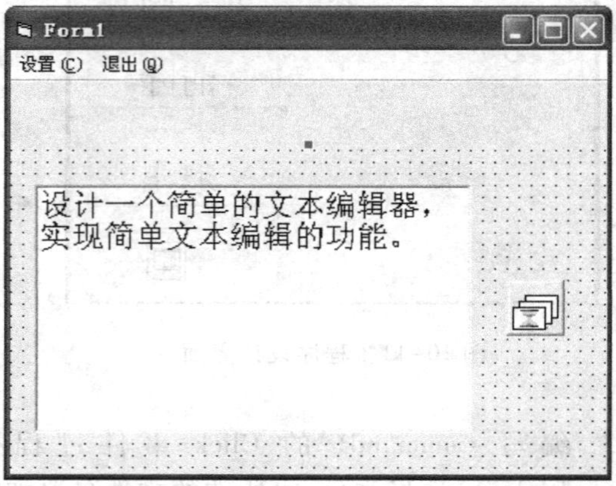

图10-14 添加ToolBar控件和ImageList控件的窗体

(2) 右击窗体中的ImageList1控件,在弹出的快捷菜单中选择"属性"命令,打开控件的"属性页"对话框,如图10-15所示。

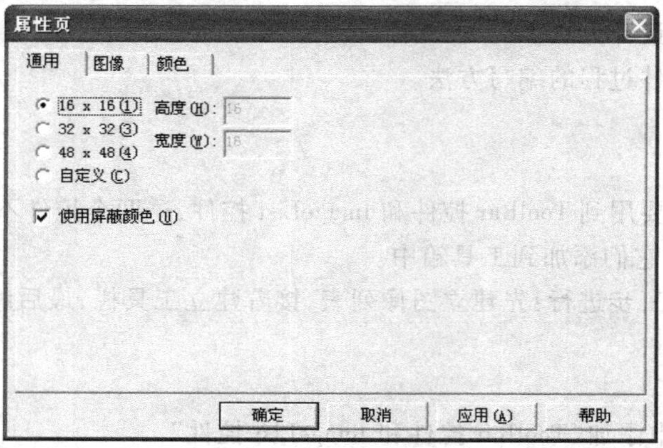

图10-15 ImageList控件的"属性页"对话框

(3) 在"通用"选项卡中选择图像大小,标准按钮图像为16×16像素。

(4) 选择"图像"选项卡如图10-16所示。

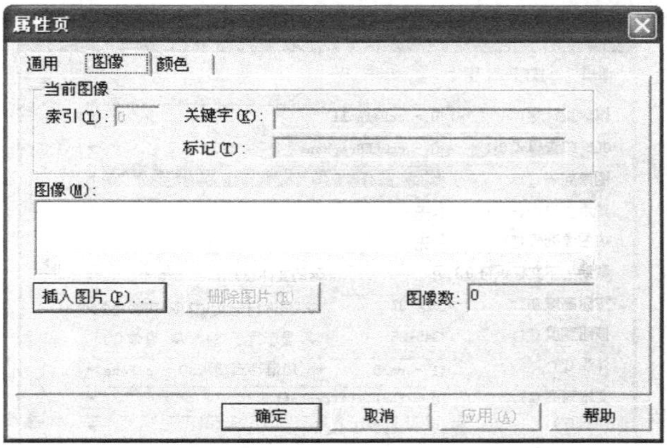

图 10-16　“图像”选项卡

(5) 单击插入图片(P)...按钮,插入相应的图片,本例选择系统文件夹(C:\Program Files\Microsoft Visual Studio\Common\Graphics\Bitmaps\TlBr_W95)下的 BLD. BMP、ITL. BMP 和 UNDRLN. BMP 这 3 个图片,如图 10-17 所示。

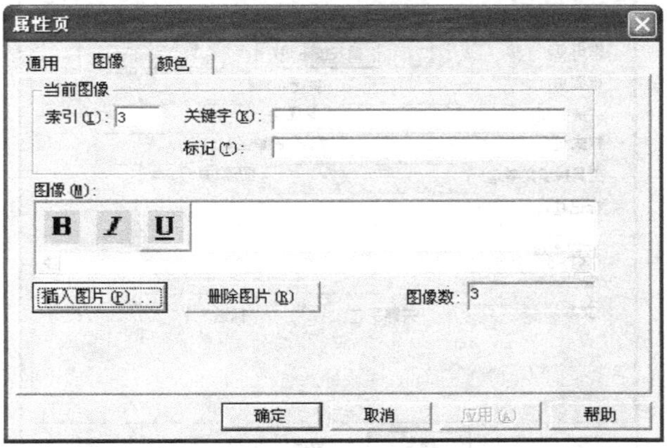

图 10-17　向 ImageList 控件中加入图像

(6) 单击确定按钮关闭“属性页”对话框。

(7) 在窗体上添加 ToolBar1 控件。

(8) 在 ToolBar1 控件上右击,在弹出的快捷菜单中选择“属性”命令,打开 ToolBar1 控件的“属性页”对话框,如图 10-18 所示。

(9) 在“通用”选项卡中,将“图像列表”属性设置为前面添加的 ImageList1 控件。

(10) 选择“按钮”选项卡,创建工具栏上的按钮,如图 10-19 所示。

(11) 单击插入按钮(N)按钮,插入第一个按钮,设置它的“关键字”属性值为“ct”;“工具提示文本”为“粗体”;“图像”属性值为 1,这意味着工具栏上第一个按钮的名称是“ct”,按钮提示文本为“粗体”,使用 ImageList1 控件中的第一个图像,为了使按钮在起作用的时候呈现按下状态需

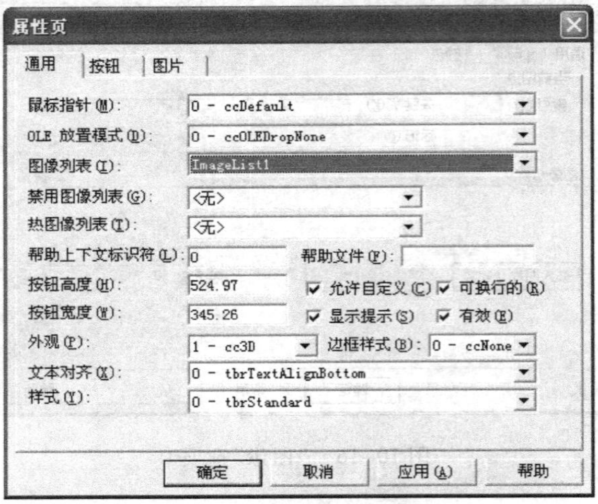

图 10-18　ToolBar 控件的“属性页”对话框

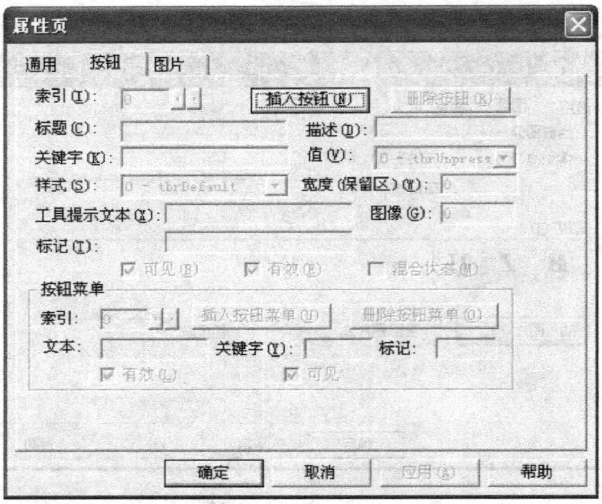

图 10-19　“按钮”选项卡

要设置“样式”,属性值为“1-tbrcheck”。

(12) 单击 插入按钮(N) 按钮,插入第二个按钮,设置它的“关键字”为“xt”,“工具提示文本”为“斜体”,“图像”属性值为 2。按照同样的方法插入第三个按钮,设置它的“关键字”为“xhx”,“工具提示文本”为“下划线”,“图像”属性值为 3。

(13) 单击 确定 按钮,关闭“属性页”对话框,此时窗体如图 10-20 所示。

(14) 在原有程序代码的基础上增加以下的 ButtonClick 事件过程代码:

```
Private Sub ToolBar1_ButtonClick(ByVal Button As MSComctlLib.Button)
  Select Case Button.Index
    Case 1
```

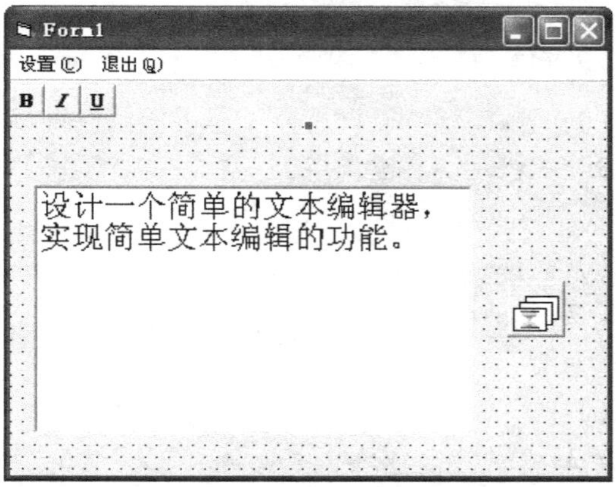

图 10-20　添加了工具栏按钮的窗体

```
        ct. Checked = Not ct. Checked    '切换"粗体"菜单项的选中与不选中的状态
        Text1. FontBold = ct. Checked    '改变文本框的粗体状态
    Case 2
        xt. Checked = Not xt. Checked
        Text1. FontItalic = xt. Checked
    Case 3
        xhx. Checked = Not xhx. Checked
      Text1. FontUnderline = xhx. Checked
    End Select
End Sub
```

四、实验内容

1. 创建工具栏，包含 3 个按钮，分别是"红色"、"绿色"、"蓝色"，用来改变窗体的背景色。（提示：按钮可以自定义。具体做法是：直接在空白按钮上写上相应的颜色文本。）

2. 将实验二十五的示例二中的"文件"菜单的菜单项设置为工具栏按钮。

五、部分习题答案

1. 选择题

(1) D (2) A (3) C (4) C (5) B (6) D (7) B (8) B (9) C (10) C (11) B(12) A

3. 程序设计题

(2) 程序设计代码如下：

```
Private Sub m11_Click( )
    Shape1. Shape = 1
End Sub
Private Sub m12_Click( )
```

```
    Shape1.Shape = 0
End Sub
Private Sub m13_Click()
    Shape1.Shape = 3
End Sub
Private Sub m21_Click()
    Shape1.FillStyle = 2
End Sub
Private Sub m22_Click()
    Shape1.FillStyle = 3
End Sub
Private Sub m23_Click()
    Shape1.FillStyle = 6
End Sub
Private Sub m3_Click()
    CommonDialog1.ShowColor
    Shape1.FillColor = CommonDialog1.Color
End Sub
Private Sub m4_Click()
    End
End Sub
```

第 11 章　图形和图像

本章要求掌握 Visual Basic 常用图形控件及其常用属性，点、线、矩形和圆的绘图方法，以及能够绘制各种曲线和图形。

实验二十七　常用图形控件及其属性

一、实验目的

1．掌握直线控件和形状控件的几个属性。

2．掌握图片框控件和图像框控件的几个属性和 LoadPicture 函数。

3．了解颜色函数的使用方法。

二、预备知识

（1）Line 控件和 Shape 控件的属性（线型、颜色、形状）。

（2）图片框控件的 Picture 属性和 LoadPicture 函数的使用。

三、实验示例

示例一　用图形控件在窗体上显示 3 条线宽、颜色和类型不同的直线，一个圆角矩形，一个椭圆，一个正方形和一个圆形，4 个形状可以采用任意的填充类型、线条颜色和填充颜色。

示例分析：在图形控件中，显示直线的控件是 Line 控件，显示矩形或圆的控件是形状控件 Shape，线宽属性是 BorderWidth，线型属性是 BorderStyle，边框线颜色属性是 BorderColor，Shape 控件的形状属性是 Shape，填充类型属性是 FillStyle，填充颜色属性是 FillColor。

界面设计：在窗体上添加 3 个 Line 控件和 4 个 Shape 控件，属性设置如表 11-1 所示。界面设计如图 11-1 所示。

表 11-1　示例一控件属性设置

控件名	属性名	属性值	控件名	属性名	属性值
Line1	Borderwidth	1	Shape1	BorderColor	黄色
	BorderStyle	1		FillStyle	1
	BorderColor	红色		FillColor	红色
Line2	BorderWidth	3	Shape2	BorderColor	紫色
	BorderStyle	3		FillStyle	2
	BorderColor	蓝色		FillColor	绿色

续表

控件名	属性名	属性值	控件名	属性名	属性值
Line3	BorderWidth	6	Shape3	BorderColor	黑色
	BorderStyle	4		FillStyle	4
	BorderColor	绿色		FillColor	蓝色
			Shape4	BorderColor	红色
				FillStyle	6
				FillColor	绿色

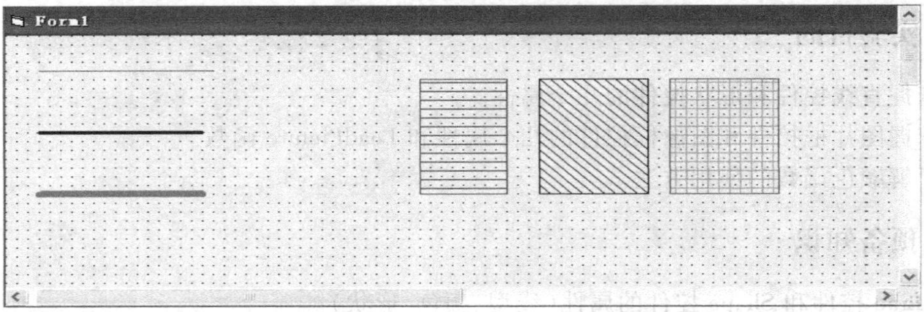

图 11-1 示例一界面设计

示例二 窗体上有一个由 8 个图片框控件组成的控件数组、两个命令按钮及一个计时器控件，界面设计如图 11-2 所示。

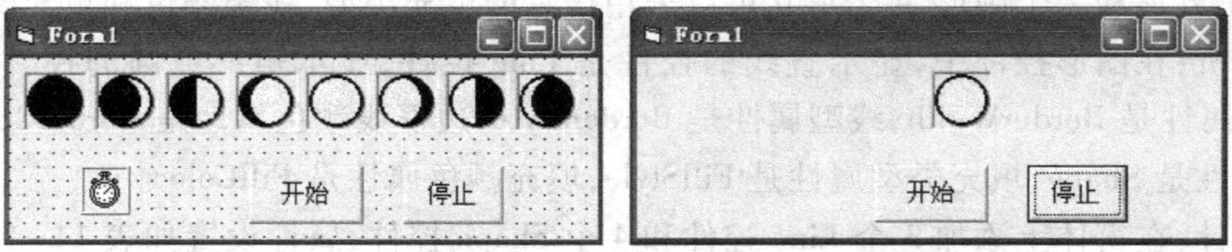

图 11-2 示例二界面设计

程序功能：

将计时器控件设置为每隔 0.5 秒触发一次 Timer 事件。运行程序时，只显示下标为 0 的图片框控件数组元素，其他图片框均不可见。单击“开始”按钮，数组中的每个图片框自左至右依次显示，时间间隔为 0.5 秒，产生月亮从左向右移动的效果。月亮移到右端后再从左端重新开始。单击“停止”按钮，月亮停止移动。

示例分析：因为运行程序时，只显示下标为 0 的图片框，所以在 Form_Load 事件中把其他几个图片框的 Visible 属性设置为 False。单击 Command1 将 Timer1 的 Enabled 属性设置为 True。通过 Timer1 的 Timer 事件改变相应 Picture 的 Visible 属性，以实现月亮的移动变化。为了记录数组下标，需要设置一个静态变量，每次计时时间到，静态变量值加 1。属性设置如表

11-2 所示。

表 11-2　示例二属性设置

计时器 Timer1	Interval	500
	Enabled	False
Picture1(0～7)	Picture	Moon0～Moon1.ico
Command1	Caption	开始
Command2	Caption	结束

程序代码如下：

```
Private Sub Form_Load( )
    Picture1(0).Left = 0
    Picture1(0).Top = 100
    For k = 1 To 7
      Picture1(k).Visible =False
    Next
End Sub

Private Sub Command1_Click( )
    Timer1.Enabled =True
End Sub

Private Sub Command2_Click( )
    Timer1.Enabled = False
End Sub

Private Sub Timer1_Timer( )
    Static i As Integer
    Picture1(i).Visible = False
    i = i + 1
    If  i =8  Then  i =0
    Picture1(i).Visible = True
End Sub
```

示例三　窗体中有一个图片框 Picture1，图片框中有一个蓝色圆，名称为 Shape1，如图 11-3 所示。

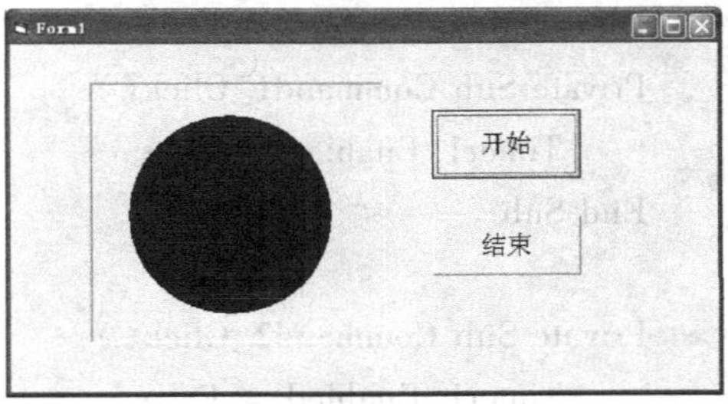

图 11-3　示例三界面设计

运行程序，单击“开始”按钮，圆半径逐渐变大（圆心位置不变），当圆充满图片框时则变为红色，并开始逐渐缩小,当缩小到初始大小时又变为蓝色,并再次逐渐变大,如此往复。单击"停止"按钮,则停止变化。

示例分析:本题的关键是如何控制圆的变化规律,可以这样认为,当圆的颜色为蓝色时逐渐变大,这时,假如圆的高度和宽带都增加 100,那么,圆的 Left 和 Top 都应该减小 50,才能保证圆心不变。当圆的 Left 大于等于矩形的 Left 时,颜色变为红色。反过来,当圆的颜色为红色时逐渐变小,这时,假如圆的高度和宽带都减小 100,那么,圆的 Left 和 Top 都应该增加 50,才能保证圆心不变。当圆的 Left 小于等于它的 Left 初始值时,颜色变为蓝色。圆的初始 Left 值可以保存在一个通用变量中并在窗体 Load 事件中赋值。属性设置如表 11-3 所示。

表 11-3 示例三属性设置

对象名	属性名	属性值
Picture1	Left	1 000
	Top	1 000
	Height	3 000
	Width	3 000
Shape1	Shape	3
	Left	1 000
	Top	1 000
	Height	1 000
	Width	1 000
	FillStyle	0
Command1	Caption	开始
Command2	Caption	结束
Timer1	Interval	500
	Enabled	False

程序代码如下:

```
Dim left0 As Integer
Private Sub Command1_Click()
    Timer1.Enabled = True
End Sub

Private Sub Command2_Click()
    Timer1.Enabled = False
End Sub
```

```
Private Sub Form_Load( )
    left0 = Shape1. Left
    Shape1. FillColor = vbBlue
End Sub

Private Sub Timer1_Timer( )
    If Shape1. FillColor = vbBlue Then        '圆为蓝色
        If Shape1. Left > 0 Then              '圆没有超出图片框,继续变大
            Shape1. Height = Shape1. Height + 100
            Shape1. Width = Shape1. Width + 100
            Shape1. Left = Shape1. Left - 50
            Shape1. Top = Shape1. Top - 50
        Else
          Shape1. FillColor = vbRed           '圆超出图片框,变为红色
        End If
    End If
    If Shape1. FillColor = vbRed Then         '圆为红色
        If Shape1. Left < left0 Then          '圆没有小到初始大小,继续变小
            Shape1. Height = Shape1. Height - 100
            Shape1. Width = Shape1. Width - 100
            Shape1. Left = Shape1. Left + 50
          Shape1. Top = Shape1. Top + 50
        Else
          Shape1. FillColor = vbBlue          '圆小到初始大小,变为红色
        End If
    End If
End Sub
```

四、实验内容

1. 在窗体上添加 3 个形状控件,分别为圆形、正方形、矩形形状,填充颜色、填充类型、边框线宽度自定。再添加 3 个 Line 控件,线型、线宽和颜色自定。

2. 窗体中有一个矩形和一个圆,程序运行时,单击“开始”按钮,圆可以横向或纵向运行(通过单选按钮来决定),碰到矩形的边时,则向其相反方向运动,单击“停止”按钮,则停止运动,如图 11-4 所示。可以通过选择单选按钮随时改变运动方向。

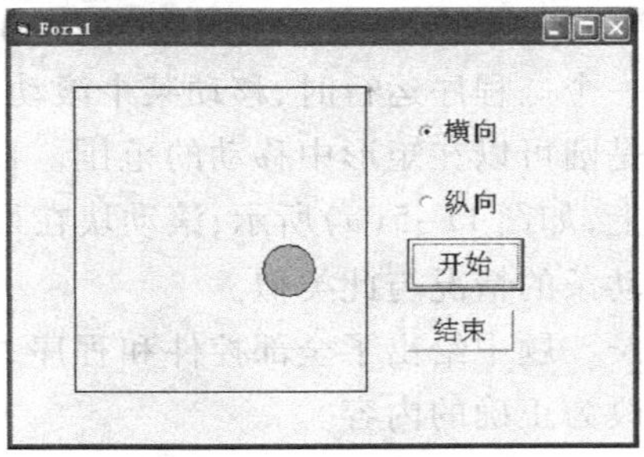

图 11-4　题 2 界面设计

题中给出了所有控件和程序,但程序不完整,要求去掉

程序中的注释符,将程序中的问号? 改为正确的内容。

```
Dim d As Integer
Private Sub Command1_Click( )
    Timer1. Enabled = True
End Sub

Private Sub Command2_Click( )
  '? = False
End Sub

Private Sub Form_Load( )
    d = 1
End Sub

Private Sub Timer1_Timer( )
    If Option1 Then
    'Shape2. Top = ? + d * 50
    'If Shape2. Top <= Shape1. ? Or Shape2. Top + Shape2. Width >= Shape1. Top + Shape1.
Height Then
            d = -d
        End If
ElseIf Option2 Then
    'Shape2. Left = ? + d * 50
    If Shape2. Left <= Shape1. Left Or Shape2. Left + Shape2. Width >= Shape1. Left +
    Shape1. Width Then
            d = -d
        End If
    End If
End Sub
```

3. 窗体上有一个圆 Shape1 和一个矩形 Shape2,还有水平滚动条 Hscroll1 和垂直 Vscroll1 各一个。程序运行时,移动某个滚动条的滚动块,可使圆做相应方向的移动。滚动条刻度值的范围是圆可以在矩形中移动的范围。以水平滚动条为例,滚动块在最左边时,圆靠在矩形的左边线上,如图 11-5(a)所示;滚动块在最右边时,圆靠在矩形的右边线上,如图 11-5(b)所示。垂直滚动条的情况与此类似。

题中给出了全部控件和程序,但程序不完整,要求去掉程序中的注释符,将程序中的问号?改为正确的内容。

```
Private Sub Form_load( )
    HScroll1. Min = Shape2. Left
```

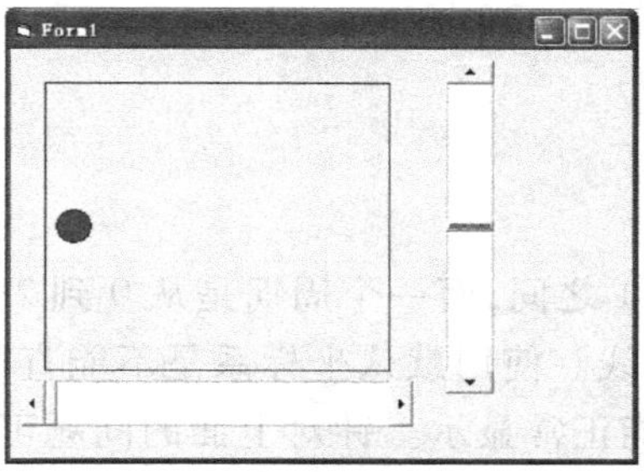
(a)

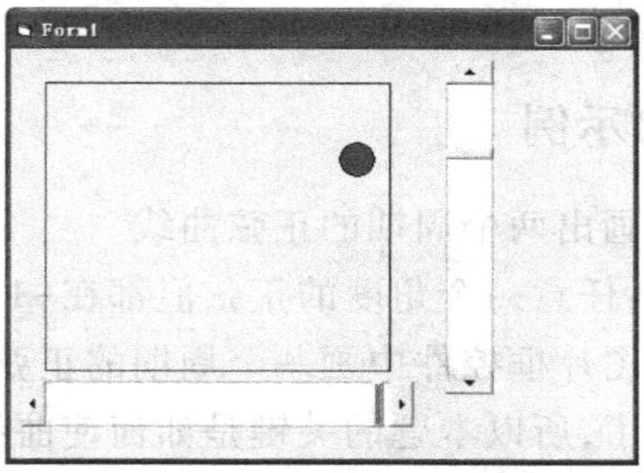
(b)

图 11-5　题 3 界面

```
  'HScroll1.Max = Shape2.Width + Shape2.Left - Shape1.?
    VScroll1.Min = Shape2.Top
  'VScroll1.Max = Shape2.Height + ? - Shape1.Height
    HScroll1.Value = 1000
    VScroll1.Value = 1000
End Sub

Private Sub HScroll1_Change()
  '? = HScroll1.Value
End Sub

Private Sub VScroll1_Change()
  'Shape1.Top = ?
End Sub
```

实验二十八　图形方法绘制图形

一、实验目的

1. 理解绘图对象坐标系，尤其是自定义规格坐标系。
2. 会使用颜色函数。
3. 掌握画点、画直线、画矩形和圆等绘图方法语句。
4. 能使用绘制图形方法绘制图形和曲线。

二、预备知识

(1) RGB 函数的使用。
(2) 自定义规格坐标系。

（3）画点、线、圆的方法。

三、实验示例

示例一　画出两个周期的正弦曲线。

示例分析：任意一个角度的正弦值都在-1到1之间，而一个周期是从0到2π的角度范围，这样就可以在图片框控件中画一个周期的正弦曲线。使用默认坐标系是不能直接画出曲线的，因为正弦太小了，所以本题的关键是如何使曲线能正常显示。针对上面的问题可以采用两种不同的解决方法。

方法一：采用自定义规格坐标系，横坐标的范围是-2π到2π，纵坐标的范围是-1到1，这样可以直接以角度为横坐标 x，正弦值为纵坐标 y，在 (x,y) 坐标点画一个点，这样以角度为循环变量，就可以输出正弦曲线。

方法二：采用默认规格坐标系，正弦值乘以一个比较大的正整数后再加上一个比较大的正整数为 y，角度乘以比较大的正整数为 x，在 (x,y) 坐标点位置画一个点。这样，以角度为循环变量，从-2π到2π画出若干点就可以得到两个周期的正弦曲线。

界面设计：

本题采用方法一输出一个周期的正弦曲线。首先用反正切函数来确定所画正弦曲线自变量的取值范围。Atn(1)即反正切Arctg(1)，其值为π/4，而8·π/4=2π，然后定义坐标系（窗体），坐标原点在窗体中心，左上角的坐标为(-2π,1)，右下角的坐标为(2π,-1)。

在窗体上添加一个图片框控件，大小几乎和窗体一样。单击窗体，即可画出一条正弦曲线。运行界面如图11-6所示。

程序代码如下：

```
Private Sub Form_Click( )
  Dim i As Single, twopie As Single
  Picture1.DrawWidth = 5
  twopie = 8 * Atn(1)
  Picture1.Scale (-twopie, 1)-(twopie, -1)
  For i = -twopie To twopie Step 0.1
    Picture1.PSet (i, Sin(i))
  Next i
End Sub
```

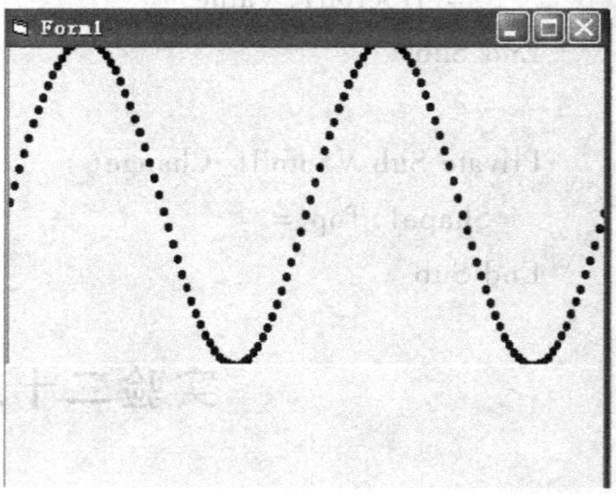

图11-6　示例一运行界面

示例二　编写程序，用滚动条模拟RGB颜色定义操作。

示例分析：本题主要是考查颜色函数RGB及滚动条控件的使用。RGB函数有3个函数，分别对应红、绿、蓝3个基本颜色，它们都是0到255之间的整数。滚动条的最小值（Min属性）应该设置成0，最大值（Max属性）设置成255。当任一个滚动条的值发生变化时，都会触发滚动条的Change事件，在Change事件过程中用滚动条的Value属性值通过RGB函数重新设置图片框的颜色。另外还要设置滚动条的SmallChange属性和LargeChange属性以控制滚动条的移动位移量。

界面设计：在窗体的上半部添加一个较大的图片框，其背景颜色就是通过RGB函数所得到的颜色,再添加 3 个水平滚动条来分别设置红、绿和蓝颜色值。在 3 个滚动条的右边分别添加一个图片框用来显示由 3 个滚动条调出的原色。设计好的窗体如图 11-7 所示。

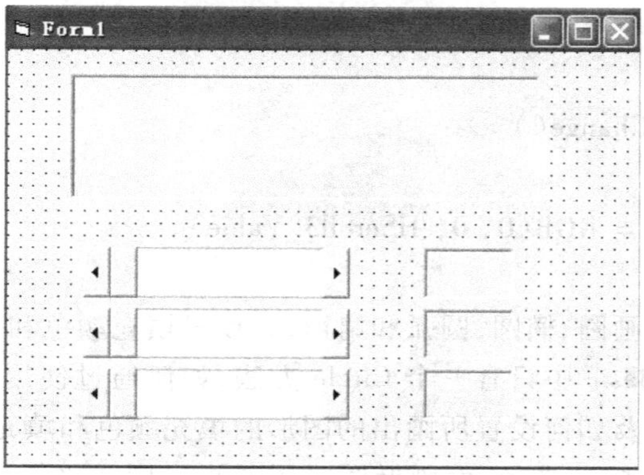

图 11-7　示例二设计界面

程序代码如下:

```
Sub adjustcolor( )                      '调整图片框中颜色的通用过程
  r = HScroll1. Value                   '红色
  g = HScroll2. Value                   '绿色
  b = HScroll3. Value                   '蓝色
  x& = RGB(r, g, b)                     '用 RGB 函数得到颜色值
  Picture1. BackColor = x&              '用混合颜色设置图片框背景颜色
End Sub
'设置 3 个滚动条的最小值和最大值属性
Private Sub Form_Load( )
  HScroll1. Max = 255
  HScroll1. Min = 0
  HScroll2. Max = 255
  HScroll2. Min = 0
  HScroll3. Max = 255
  HScroll3. Min = 0
End Sub
'通过 Hscroul 的 1 Change 事件过程调整 RGB 函数中的红色原色值
Private Sub HScroll1_Change( )
  adjustcolor
  Picture2. BackColor = RGB(HScroll1. Value, 0, 0)  '在图片框中显示红色原色
End Sub

Private Sub HScroll2_Change( )
```

```
  adjustcolor
  Picture3.BackColor = RGB(0, HScroll2.Value, 0)
End Sub

Private Sub HScroll3_Change()
  adjustcolor
  Picture4.BackColor = RGB(0, 0, HScroll3.Value)
End Sub
```

示例三　在图片框中画圆、椭圆、圆弧和扇形,并设置填充颜色和填充类型。

示例分析:在 Visual Basic 中只有一个 Circle 方法,如何通过使用不同的可选参数来分别画出圆、椭圆、圆弧和扇形以及如何设置所画出的图形的填充颜色和填充类型是本题的关键所在。

画圆只需给出圆心坐标和半径,而画椭圆除了要提供圆心坐标和半径外,还需要给出纵横比,如果画圆弧,还要给出起始角和终止角,画扇形时起始角和终止角必须同时为负。

另外,填充颜色用 FillColor 实现,填充类型用 Fillstyle 实现。

程序代码如下:

```
'说明:本题在窗体上用默认坐标系直接画一些圆、圆弧、椭圆和扇形
Private Sub Form_Click()
    Const PI As Single = 3.1415926
    FillStyle = 0
    FillColor = RGB(255, 0, 0)
    x = 800: y = 500
    Circle (x, y), 300   '以(800,500)为圆心,300 为半径,画一个填充红色的圆
    aspect = 3
    FillStyle = 1
    Circle (x * 2, y), 500, , , , aspect                 '画一个直立的椭圆
    Circle (x * 4, y), 500, , , , aspect / 2             '画一个扁椭圆
    Circle (3500, 700), 500, vbGreen, 0, PI / 2          '画一个圆弧
    Circle (700, 2500), 500, vbBlue, -PI / 2, -3 * PI / 2 '画一个扇形
End Sub
```

注意:画椭圆时纵横比是指纵向半径和横向半径的比值,画扇形时起始角和终止角要同时为负,角度按逆时针方向旋转。

四、实验内容

1. 余弦曲线的方程为 $y=\cos(x)$,画出 x 从 -2π 到 2π 的余弦曲线。

提示:仿照示例一完成。

2. 设计一个程序,使窗体的基本背景颜色为红色,并以滚动的方式逐渐由深变浅。

提示:可以设置窗体背景颜色初始值为红色=80,绿和蓝为 0,用 RGB 函数设置颜色。颜色由深变浅可以用计时器实现,在计时器的 Timer 事件中,改变红色值,用红色值加一个常量,如 5,

若超过 255,则变成初始值。

3. 程序运行时通过窗体的 Activate 事件过程在圆上产生 12 个刻度点,并完成其他初始化工作;另有长、短两条(红色、蓝色)直线,名称分别为 Line1 和 Line2,表示两个指针。当程序运行时,单击"开始"按钮,则每隔 0.5 秒 Line1(长指针)顺时针转动一个刻度,Line2(短指针)顺时针转动 1/12 个刻度(即长指针转动一圈,短指针转动一个刻度),单击"停止"按钮,则两个指针停止转动,如图 11-8 所示。要求去掉程序中的注释符,把程序中的? 改为正确的内容。

提示:程序中的符号常量 x0、y0 是圆心到窗体左上角的距离,radius 是圆的半径。

注意:不能修改程序中的其他部分和控件的属性。最后将修改后的文件按原文件名存盘。

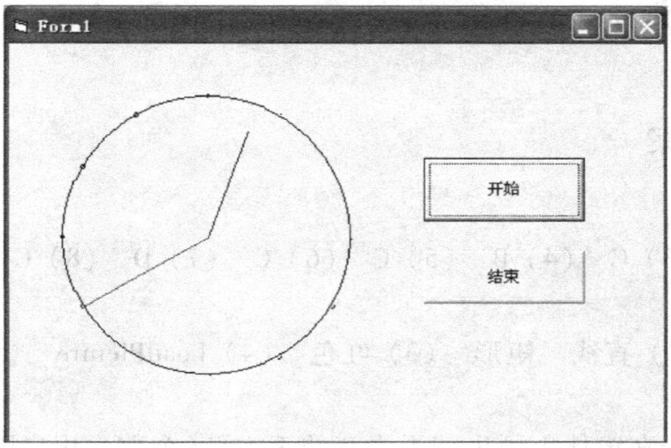

图 11-8　题 3 运行界面

```
Dim a, b, len1, len2
Private Sub Command1_Click()
    Timer1.Enabled = True
End Sub
Private Sub Command2_Click()
  '?
End Sub

Private Sub Form_Activate()
  'For k = 0 To 359 Step ?
  'x = radius * Cos(k * 3.14159 / 180) + ?
  y = y0 - radius * Sin(k * 3.14159 / 180)
  Form1.Circle (x, y), 20
    Next k
    a = 90
    b = 90
    len1 = Line1.Y1 - Line1.Y2
    len2 = Line2.Y1 - Line2.Y2
```

```
End Sub

Private Sub Timer1_Timer()
    a = a - 30
    Line1.X2 = len1 * Cos(a * 3.14159 / 180) + x0
'Line1.? = y0 - len1 * Sin(a * 3.14159 / 180)
'b = ? - 30 / 12
    Line2.X2 = len2 * Cos(b * 3.14159 / 180) + x0
    Line2.Y2 = y0 - len2 * Sin(b * 3.14159 / 180)
End Sub
```

五、部分习题答案

1. 单选题

(1) D (2) A (3) C (4) B (5) C (6) C (7) D (8) C (9) C (10) A

2. 填空题

(1) ScaleMode (2) 直线 矩形 (3) 红色 (4) LoadPicture (5) 窗体左上角

3. 编程题

(3) 使用绘图方法,在窗体上画出若干嵌套的正方形(个数由用户随机确定)。

```
Private Sub Form_Click()  'AutoRedraw 为 True
Dim n As Integer, m As Single, x0 As Single, y0 As Single, leng As Single
n = Val(InputBox("请输入需要显示的正方形的数目:"))
x0 = ScaleWidth / 2
y0 = ScaleHeight / 2
If ScaleWidth >= ScaleHeight Then m = ScaleHeight / 2 Else m = ScaleWidth / 2
leng = m / n
For i = 1 To n
  Line (x0 - i * leng, y0 - i * leng)-(x0 + i * leng, y0 + i * leng), , B
Next i
End Sub
```

(4) 绘制一个点,并使它能按圆形轨迹移动。

```
Dim x As Single, y As Single, i As Integer
Private Sub Form_Load()    'AutoRedraw 为 True
x = 2000 : y = 2000 : i = 90
Circle (x, y), 1000
End Sub

Private Sub Timer1_Timer()
ConstPI = 3.14159
```

```
PSet (x, y), BackColor      '无此条语句,点会连续出现
DrawWidth = 1               '无此条语句,圆会被遮盖得断续
Circle (2000, 2000), 1000
DrawStyle = 0
DrawWidth = 5
x = 2000 + 1000 * Cos(i * PI / 180)
y = 2000 - 1000 * Sin(i * PI / 180)
PSet (x, y), vbBlue
i = i - 6
End Sub
```

第 12 章　访问数据库

本章应掌握使用 ADO 控件访问数据库的一般方法。

实验二十九　ADO 控件编程

一、实验目的

1. 了解数据库及其表结构。
2. 了解 Visual Basic 数据库编程的基本方法。
3. 掌握使用 ADO 控件访问数据库的方法。
4. 了解 ADO 数据对象模型。

二、预备知识

Visual Basic 提供了数据库访问接口,能够方便地访问数据库。常见的数据库有 Access、Oracle、SQL Server 等,数据库的类型为关系型(二维表)。本章将以 Access 数据库类型为例介绍利用 Visual Basic 访问数据库的编程方法。

(1) 利用 Microsoft Access 2003 可以建立 Access 数据库。

(2) ADO 控件:一种操作和访问数据库的控件,通过设置其 ConnectionString 属性实现与数据库的连接。

(3) 数据绑定控件:同时具有 DataSource 属性和 DataField 属性的控件称为数据绑定控件。DataSource 属性用来设置数据源,它可以是 ADO 控件等;DataField 属性用于设置控件与哪一个字段绑定在一起。表 12-1 中列出了在 Visual Basic 6.0 中可与 ADO 绑定的控件。

表 12-1　Visual Basic 6.0 中数据绑定控件一览表

标准控件	ActiveX 控件
文本框(TextBox)	DataList
标签(Label)	DataComo
组合框(ComoBox)	DataGrid
列表框(ListBox)	Microsoft Hierarchical FlexGrid
复选框(CheckBox)	RichTextBox
图像(Image)	ImageComo
图片(PictureBox)	Microsoft Chart、Month View、DateTimerPicker

三、实验示例

示例一　利用Microsoft Access 2003建立学生成绩数据库:StuScore.mdb,其中包括:学生基本信息表,结构如表12-2所示。

表12-2　“学生基本情况表”的结构设置要求

字段名	数据类型	字段大小	其他属性
学号	文本	6	主键
姓名	文本	10	必填字段
学院	文本	8	默认值为“信息学院”
班级	文本	10	
性别	文本	1	默认值为“男”
出生日期	日期		
是否党员	文本	1	
身份证号	文本	18	

操作步骤:

1. 启动Microsoft Access 2003建立空数据库

选择“开始”→“程序”→“Microsoft Office Access 2003”命令,即可启动Access 2003。在任务窗格中,单击“新建文件”选项,再单击“空数据库”选项后,打开“文件新建数据库”对话框,选择保存位置,输入数据库文件名StuScore,单击“创建”按钮,新数据库StuScore.mdb被创建,并打开如图12-1所示的窗口。此时,StuScore.mdb只是一个空数据库。

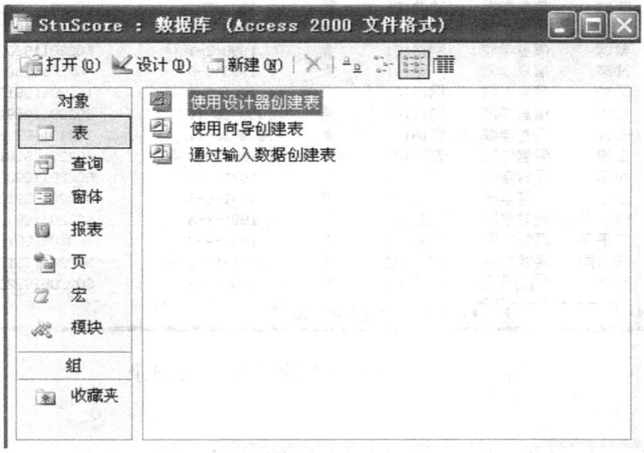

图12-1　StuScore数据库窗口

2. 建立数据库的表

表是真正存储数据的地方,没有表的数据库就没办法存储数据。

新建表的步骤如下。

(1) 在图 12-1 中,单击工具栏上的“新建”按钮,即打开“新建表”对话框,如图 12-2 所示,选择“设计视图”选项后单击“确定”按钮,打开表设计器对话框,如图 12-3 所示。

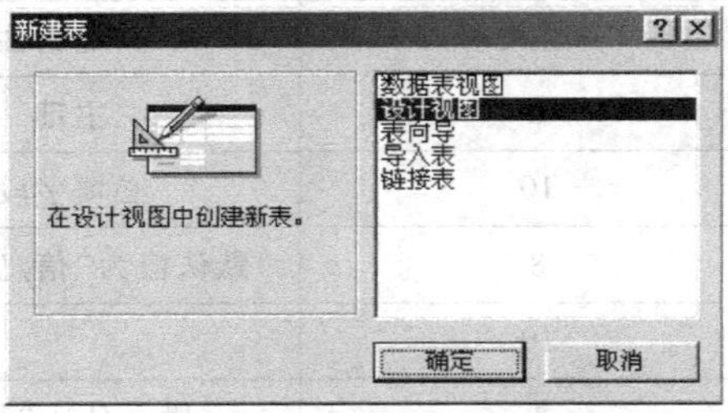

图 12-2　“新建表”对话框

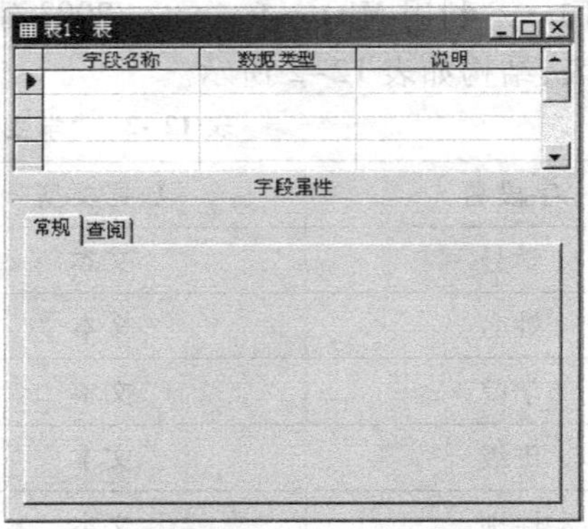

图 12-3　表设计对话框

(2) 按表 12-2,依次输入各字段的字段名、数据类型、字段宽度,并设置“学号”为主关键字,这样就创建了一个表。

(3) 选择“文件”→“保存”命令或单击工具栏上的“保存”按钮,打开“另存为”对话框, 在“表名称”框中输入“学生基本情况表”,单击“确定”按钮,即可保存此表。此时又返回到数据库窗口。至此,“学生基本情况表”的结构设计完毕,数据库中就有了一个表。

(4) 在“学生基本情况表”中输入数据,以备后面使用,内容如图 12-4 所示。

学生基本情况表 : 表

学号	姓名	学院	班级	性别	出生日期	是否党员	身份证号
101336	刘晓	信息学院	计算机101	男	1989-9-13	是	150104198909131844
101337	夏海	信息学院	计算机101	女	1990-9-12		103104199009123311
102338	陈威	信息学院	软件101	男	1989-5-1		602201198905015552
102339	周莉	信息学院	软件101	女	1989-6-1		602201198906015551
105340	贾君	信息学院	网络101	女	1990-7-1		602201199007015553
105341	韩萍	信息学院	网络101	女	1990-8-8		602201199008085651
105342	奚泊	信息学院	网络101	女	1991-2-1	是	102201199102013651
105343	胡华	信息学院	网络101	男	1989-10-10		302201198910105655
107139	李栋	经管学院	营销101	女	1989-11-11		702101198911113455
107140	李建	经管学院	营销101	女	1990-12-10	是	402201199012101981
107141	包年	经管学院	营销101	女	1991-3-3		602201199008085656
107142	李娟	经管学院	营销101	男	1991-5-3		402201199105031988
107233	何小卫	经管学院	财务102	女	1991-7-3		902203199107031339
107234	王平平	经管学院	财务102	女	1991-9-3		103104199109032023
107235	陈治同	经管学院	财务102	男	1991-11-3	是	502201199111034656
107236	赵荣	经管学院	财务102	男	1992-1-3		202206199201031882

记录: 16 共有记录数: 16

图 12-4　学生基本情况表中的记录

示例二　在工程中添加 ADO 控件,设置 ADO 控件的 ConnectionString 属性。

操作步骤:

1. 在工程中添加 ADO 控件

(1) 新建一个工程,选择“工程”菜单中的“部件”命令,在“部件”对话框中选中“Microsoft ADO Data Control 6.0(OLEDB)”选项,单击“确定”按钮,就在当前工程的工具箱中添加了 ADO 控件。

（2）单击 ADO 控件图标，然后在窗体上调整控件大小，如图 12-5 所示。

（3）ADO 控件名采用默认名“Adodcl”，Align 属性设置为“2 - VbAlignBotton”，EOFAction 属性设置为“2 - adDoAddNew”。

图 12-5　ADO 控件

2. 设置 ADO 控件的 ConnectionString 属性、RecordSource 属性

（1）在“属性”窗口中单击 ConnectionString 属性框右边的省略号按钮，打开“属性页”对话框。选择“使用连接字符串”选项，单击“生成”按钮，打开“数据连接属性”对话框，选择“Microsoft Jet 4.0 OLE DB Provider”选项，单击“下一步”按钮打开下一对话框。

（2）在“选择或输入数据库名”列表框中选择“StuScore.mdb”数据库，单击“测试连接”按钮，如出现“测试连接成功”字样，表示连接成功。当连接成功后，单击“确定”按钮返回“属性页”对话框，此时就在“使用连接字符串”文本框中生成了连接字符串：Provider = Microsoft.Jet.OLEDB.4.0;PersistSecurity Info = False;Data Source = E:\StuScore.mdb。

（3）在“属性”窗口中单击 RecordSource 属性框右边的省略号按钮，打开“属性页”对话框，在“命令类型”下拉列表框中选择“2-adcCmdTable”选项，表示将为 ADO 控件选择一个数据库中已经存在的表或视图作为数据源。从“表或存储过程名称”文本框中选择“学生基本情况表”，单击“确定”按钮，退出“属性页”对话框。至此 ADO 控件与数据库连接成功。

示例三　使用绑定控件浏览、修改“学生基本情况表”中的数据记录。

（1）在示例二的基础上，使用 TextBox、ComboBox 控件绑定相应的字段。

（2）在窗体上添加 7 个起提示作用的标签（Label）、5 个 TextBox、1 个 ComboBox。

（3）设置控件属性，如表 12-3 所示。

表 12-3　frmadodc 窗体上控件的属性设置

控件名	属性名	属性值	控件名	属性名	属性值
Label	Name	Label1	TextBox	DataField	学号
	Caption	学号：		DataSource	Adodc1
Label	Name	Label2	TextBox	DataField	姓名
	Caption	姓名：		DataSource	Adodc1
Label	Name	Label3	TextBox	DataField	班级
	Caption	班级：		DataSource	Adodc1
Label	Name	Label4	ComboBox	DataField	性别
	Caption	性别：		DataSource	Adodc1
Label	Name	Label5	TextBox	DataField	是否党员
	Caption	是否党员：		DataSource	Adodc1
Label	Name	Label6	TextBox	DataField	身份证号
	Caption	身份证号：		DataSource	Adodc1

将绑定控件的 DataSource 属性设置为数据控件名(本例为 Adodc1),然后单击绑定控件的 DataField 属性右侧下拉列表框的下拉按钮,选中要显示的字段名即可。

保存以上 3 步的操作结果,不用编写任何程序代码,就可以直接按 F5 键运行该程序,结果如图 12-6 所示。

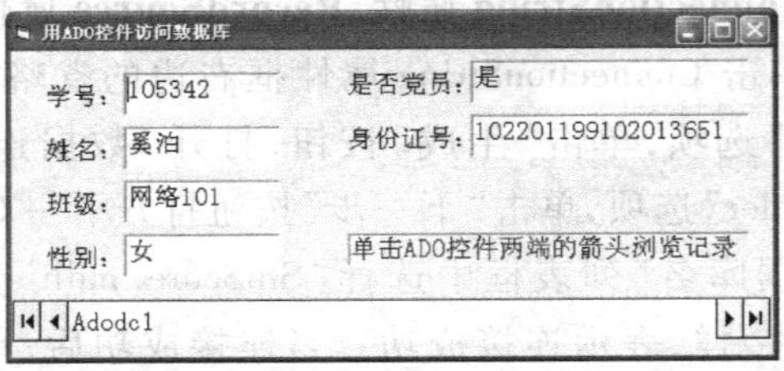

图 12-6 ADO 数据控件访问数据库

在这个窗体上,通过单击 ADO 数据控件两端的箭头按钮来实现对 StuScore. mdb 数据库中学生基本情况表中的数据浏览;修改数据库中的记录值,当记录移动时,ADO 数据控件自动地保存修改结果;另外,当将 EOFAction 属性设置为 2-adDoAddNew 时,若当前记录是最后一条记录并且单击 ADO 控件上的向右箭头按钮,ADO 数据控件将自动保存新输入的记录。

四、实验内容

1. 利用 Microsoft Access 2003 创建一个"人事管理"数据库:rsgl. mdb,并添加如表 12-4 所示的"职工基本情况"表。

表 12-4 "职工基本情况"表的结构设置要求

字段名	数据类型	大小	固定
编号	文本	6	是
部门	文本	10	是
姓名	文本	8	是
性别	文本	2	是
出生日期	文本	10	是

提示:首先启动 Access 2003,操作步骤参见主教材及示例一。

2. 使用 ADO 数据控件访问 rsgl. mdb 数据库:浏览记录、修改记录。

提示:

(1) 在工程中引入 Ado 控件。

(2) 设置 ADO 控件的 ConnectionString 属性、RecordSource 属性。

(3) 使用绑定控件显示数据。

参见主教材及示例一。

五、部分习题答案

11. 练习编写一个电话号码查询程序,要求能够根据用户的区域、公司类别等特性进行模糊查询(使用 Like 运算符)。

(1) 假设已建立了数据库:phonenum.mdb,其中表 phonenumber 的结构及记录如表 12-5、表 12-6 所示。

表 12-5　数据库中 phonenumber 表的结构设置

字段名	数据类型	大小	是否主索引
姓名	文本	8	否
办公电话	文本	8	是
移动电话	文本	12	否
公司名称	文本	50	否
公司地址	文本	50	否

表 12-6　数据库中 phonenumber 表中的记录

姓名	办公电话	移动电话	公司名称	公司地址
李晓雷	85881613	13930001234	益友通讯有限公司	中山中路 323 号
李洪磊	88970231	13330001234	思维电子设备公司	裕华东路 106 号
张有利	86119090	13030001234	河北通讯器材有限公司	体育大街 509 号
王涛	88889090	13130001234	创世纪电脑科技有限公司	中山东路 418-1 号
王梅玲	87123456	13430001234	TCL 电脑专卖店	裕华东路 216 号
刘晓燕	86012389	13830001234	泰利德科技有限责任公司	育才街 301 号

(2) 根据公司区域、类别进行查询。

这实际上就是根据公司名称或公司地址中的某个词来查询。例如,查询电子类的公司,就是查询公司名称中含有"电子"两个字的公司;查询地址范围在裕华路的公司,就是查询公司地址中含有"裕华路"三个字的公司。根据设计好的数据库,设计如图 12-7 所示的操作界面。窗体中的主要控件及其属性设置如表 12-7 所示。

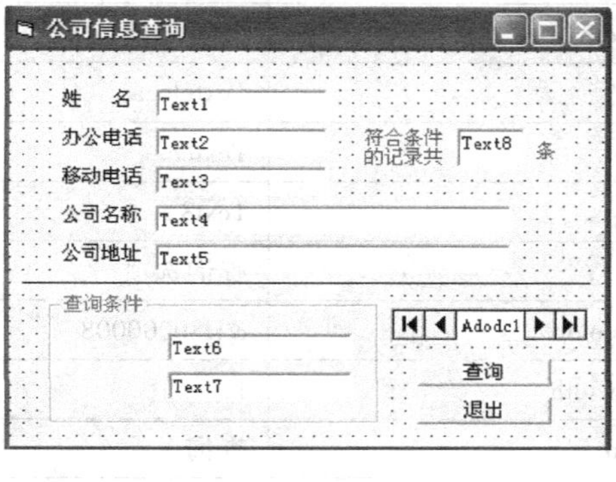

图 12-7　操作界面

表 12-7 窗体中的主要控件及其属性设置

控件名称	属性	设置值
frmgsinfo	Caption	公司信息查询
Adodc1	ConnectionString	Provider = Microsoft. Jet. OLEDB. 4. 0; Data Source = D:\ phonenum. mdb
	RecordSource	select * from phonenumber
	RecrodsetType	8 (adCmdUnknown)
Label1	Caption	姓名
Label2	Caption	办公电话
Label3	Caption	移动电话
Label4	Caption	公司名称
Label5	Caption	公司地址
Label6	Caption	公司区域
Label7	Caption	公司类别
Label8	Caption	符合条件的记录共
Label9	Caption	条
Textxm	Datasource	Adodc1
	DataField	姓名
Textop	Datasource	Adodc1
	DataField	办公电话
Textmp	Datasource	Adodc1
	DataField	移动电话
Textcname	Datasource	Adodc1
	DataField	公司名称
Textcaddr	Datasource	Adodc1
	DataField	公司地址
Textcloca	name	Textcloca
Textcc	name	Textcc
Text8	name	Text8
Frame1	Caption	查询选项
Line1	Bordercolor	&H80000008
	Borderwidth	1
cmdquery	Caption	查询
cmdexit	Caption	退出

```
'在 cmdexit(退出)命令按钮中添加如下代码,功能:退出应用程序。
Private Sub cmdexit_Click()
    End          '结束运行
End Sub
```

为查询按钮 cmdquery 添加如下代码,进行有条件查询,并利用窗体中的控件进行数据显示。

```
Private Sub cmdquery_Click()
    Dim tempstr As String
    Dim dbstr As String
    dbstr = "select * from phonenumber"
    tempstr = dbstr
    If Textcloca.Text <> "" Then
      tempstr = tempstr & " where 公司地址 like '%" & Textcloca.Text & "%'"
    End If
    If Textcc.Text <> "" Then
        If InStr(tempstr, "where") <> 0 Then
          tempstr = tempstr & "and 公司名称 like '%" & Textcc.Text & "%'"
        Else
          tempstr = tempstr & " where 公司名称 like '%" & Textcc.Text & "%'"
        End If
    End If
    Adodc1.RecordSource = tempstr
    '重新设置数据控件的 RecordSource 属性,以更新数据源
    Adodc1.Refresh
    '刷新数据控件,显示新的记录集
    Adodc1.Recordset.MoveLast
    Adodc1.Recordset.MoveFirst
    Text8.Text = Adodc1.Recordset.RecordCount
End Sub
Private Sub Form_Activate()
    Text8.Text = Adodc1.Recordset.RecordCount
End Sub
'在窗体加载事件中添加如下代码,初始化有关控件
Private Sub Form_Load()
    textxm.Text = ""
    Textop.Text = ""
    Textmp.Text = ""
    Textcname.Text = ""
    Textcaddr.Text = ""
```

```
    Adodc1.Caption = ""
    Textcloca.Text = ""
    Textcc.Text = ""
  End Sub
'用数据控件的 Caption 属性显示当前记录指针位置
Private Sub Adodc1_MoveComplete(ByVal adReason As ADODB.EventReasonEnum, ByVal pError As ADODB.Error, adStatus As ADODB.EventStatusEnum, ByVal pRecordset As ADODB.Recordset)
  Adodc1.Caption = Adodc1.Recordset.AbsolutePosition '显示记录集指针位置
End Sub
```

图 12-8 是在数据库中查询公司区域在"中山路"、公司类别为"电脑"的公司运行的结果，结果显示，符合条件的记录只有一条。

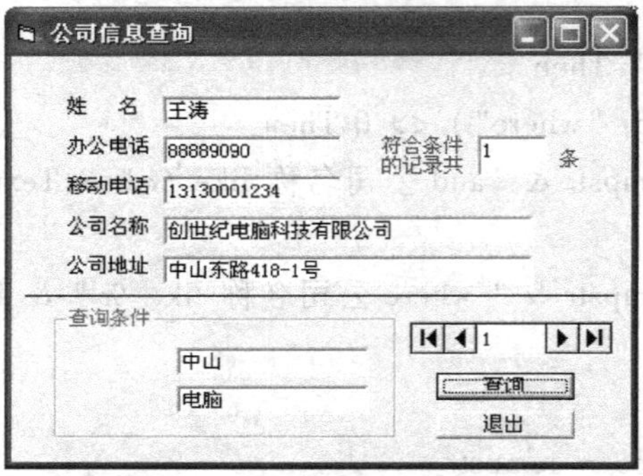

图 12-8 查询结果

测试题一

一、单选题

1. 要使一个文本框可以显示多行文本，应设置为 True 的属性是________。

A） Enabled　　B） MultiLine　　C） MaxLength　　D） Width

2. 在窗体上有一个名为 Text1 的文本框。当光标在文本框中时，如果按下字母键 A，则被调用的事件过程是________。

A） Form_KeyPress( )　　B） Textl_LostFocus( )

C） Textl_Click( )　　D） Textl_Change( )

3. 执行以下程序后输出的是________。

```
Private Sub Commandl_Click
    Ch$ = "ABCDEFGH"
    Print Mid(Right(ch$ ,6),Len(Left(ch$ ,4),2)
End Sub
```

A） CDEFGH　　B） ABCD　　C） FG　　D） AB

4. 若窗体上的图片框中有一个命令按钮，则此按钮的 Left 属性是指________。

A） 按钮左端到窗体左端的距离　　B） 按钮左端到图片框左端的距离

C） 按钮中心点到窗体左端的距离　　D） 按钮中心点到图片框左端的距离

5. 要求程序运行时通用对话框 CD1 上显示的标题为“对话框窗口”，则通过程序设置该标题应使用的语句是________。

A） CD1. DialogTitle = "对话框窗口"　　B） CD1. Action = "对话框窗口"

C） CD1. FileName = "对话框窗口"　　D） CD1. Filter = "对话框窗口"

6. 某人设计了如下程序用于计算并输出 7！（7 的阶乘）：

```
Private Sub Command1_Click
    t=0
    For k=7 To 2 Step -1
        t=t * k
    Next
    Print t
End Sub
```

执行程序时，发现结果是错误的。下面的修改方案中能够得到正确结果的是________。

A） 把 t=0 改为 t=1

B） 把 For k=7 To 2 Step-1 改为 For k=7 To 1 Step-1

C） 把 For k=7 To 2 Step-1 改为 For k=1 To 7

D）把 Next 改为 Next k

7. 某人在窗体上添加了一个名称为 Timer1 的计时器和一个名称为 Label1 的标签，计时器的属性设置为 Enabled = True，Interval = 0，并编写如下代码。要求程序运行时，可以每隔 2 秒在标签上显示一次系统当前时间。

```
Private Sub Timer1_Time( )
    Label1. Caption = Time$
End Sub
```

在程序执行时发现未能达到上述目的，那么，他应做的修改是________。

A）通过属性窗口将计时器的 Interval 属性设置为 2 000

B）通过属性窗口将计时器的 Enabled 属性设置为 False

C）把事件过程中的 Label1. Caption = Time$ 语句改为 Timer1. Interval = Time$

D）把事件过程中的 Label1. Caption = Time$ 语句改为 Label1. Caption = Timer1. Time

8. 形状控件的 Shape 属性有 6 种取值，分别代表 6 种几何图形。下列不属于这 6 种几何图形的是________。

A）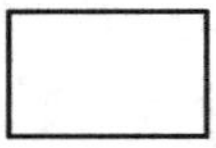 B）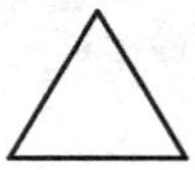 C）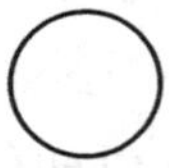 D）

9. 下面关于文件的叙述中错误的是________。

A）随机文件中各条记录的长度是相同的

B）打开随机文件时采用的文件存取方式应该是 Random

C）向随机文件中写入数据应使用语句“Print #文件号”

D）打开随机文件与打开顺文件一样，都使用 Open 语句

10. 设窗体上有一个图片框 Picture1，要在程序运行期间装入当前文件夹中的图形文件 File1. jpg，可使用的语句是________。

A）Picture1. Picture = "File1. jpg"

B）Picture1. Picture = LoadPicture("File1. jpg")

C）LoadPicture("File1. jpg")

D）Call LoadPicture("File1. jpg")

11. 以下叙述中错误的是________。

A）标准模块文件的扩展名是. bas

B）标准模块文件是纯代码文件

C）在标准模块中声明的全局变量可以在整个工程中使用

D）在标准模块中不能定义过程

12. 在 Visual Basic 中，表达式 3 * 2\5 Mod 3 的值是________。

A）1　　B）0　　C）3　　D）出现错误提示

13. 在以下 Visual Basic 变量名中不合法的是________。

A）a5b　　B）_xyz　　C）a_B　　D）andif

14. 以下数组定义语句中错误的是________。

A) Static　a(10) As Integer　　B) Dim c(3,1 To 4)

C) Dim d(-1)　　D) Dim b(0 To 5,1 To 3)As Integer

15. 现有语句 y=IIf(x>0,x Mod 3,0),设 x=10,则 y 的值是________。

A) 0　　B) 1　　C) 3　　D) 语句有错

16. 为了使文本框同时具有垂直和水平滚动条,应先把 MultiLine 属性设置为 True,然后再把 ScrollBars 属性设置为________。

A) 0　　B) 1　　C) 2　　D) 3

17. 文本框 Text1 的 KeyDown 事件过程如下:

```
Private Sub Text1_KeyDown(KeyCode As Integer, Shift As Integer)
    …
End Sub
```

其中参数 KeyCode 的值表示的是发生此事件时________。

A) 是否按下了 Alt 键或 Ctrl 键　　B) 按下的是哪个数字键

C) 所按的键盘键的键码　　D) 按下的是哪个鼠标键

18. 要使两个单选按钮属于同一个框架,正确的操作是________。

A) 先添加一个框架,再在框架中添加两个单选按钮

B) 先添加一个框架,再在框架外添加两个单选按钮,然后将单选按钮拖到框架中

C) 先添加两个单选按钮,再添加框架将单选按钮框起来

D) 以上 3 种方法都正确

19. 能够存放组合框的所有项目内容的属性是________。

A) Caption　　B) Text　　C) List　　D) Selected

20. 设有如下图所示的窗体和以下程序:

```
Private Sub Command1_Click
    Text1.Text="Visual Basic"
End Sub
Private Sub Text1_LostFocus()
    If  Text1.Text<>"BASIC"Then
        Text1.Text=""
        Text1.SetFocus
    End If
End Sub
```

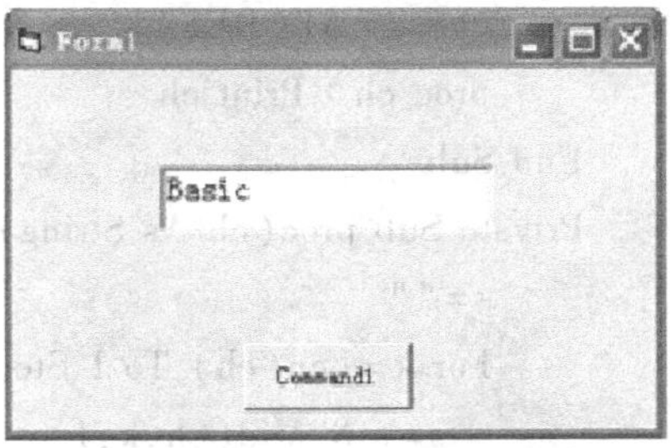

图 C-1　窗体

程序运行时,在 Text1 文本框中输入"Basic"(如图 C-1 所示),然后单击 Command1 按钮,则产生的结果是________。

A) 文本框中无内容,焦点在文本框中　　B) 文本框中为"Basic",焦点在文本框中

C) 文本框中为"Basic",焦点在按钮上　　D) 文本框中为"Visual Basic",焦点在按钮上

二、阅读程序并写出运行结果

1. 执行如下程序时,在窗体上显示的是________。

```
Private Sub Command1_Click
    Dim a(10)
    For k=1 To 10
      a(k)=11-k
    Next k
    Print a(a(3)\a(7) Mod a(5))
End Sub
```

A) 3　　B) 5　　C) 7　　D) 9

2. 有如下函数：

```
Function fun(a As Integer, n As Integer) As Integer
    Dim m As Integer
    While a>=n
        a=a-n : m=m+1
    Wend
    fun=m
End Function
```

该函数的返回值是________。

A) a乘以n的乘积　　B) a加n的和

C) a减n的差　　D) a除以n的商(不含小数部分)

3. 下面程序的输出结果是________。

```
Private Sub Command1_Click
    ch$ ="ABCDEF"
    proc ch : Print ch
End Sub
Private Sub proc(ch As String)
    s=""
    For k=Len(ch) To 1 Step -1
      s=s & Mid(ch,k,1)
    Next k
    ch=s
End Sub
```

A) ABCDEF　　B) FEDCBA　　C) A　　D) F

4. 某人编写了一个能够返回数组a中10个数中最大数的函数过程,代码如下：

```
Function MaxValue(a() As Integer) As Integer
    Dim max% : max=1
    For k=2 To 10
        If a(k)>a(max) Then
            max=k
```

```
        End If
    Next k
    MaxValue = max
End Function
```

程序运行时,发现函数过程的返回值是错的,需要修改,下面的修改方案中正确的是________。

A）语句 max = 1 应改为 max = a(1)

B）语句 For k = 2 To 10 应改为 For k = 1 To 10

C）If 语句中的条件 a(k) > a(max) 应改为 a(k) > max

D）语句 MsxValue = max 应改为 MaxValue = a(max)

5. 某人设计了下面的函数 fun,功能是返回参数 a 中数值的位数。

```
Function fun(a As Integer) As Integer
    Dim n%
    n = 1
    While a\10 >= 0
      n = n+1 : a = a \10
    Wend
    fun = n
End Function
```

在调用该函数时发现返回的结果不正确,函数需要修改,下面的修改方案中正确的是 ________。

A）把语句 n = 1 改为 n = 0　　B）把循环条件 a\10 >= 0 改为 a\10 > 0

C）把语句 a = a\10 改为 a = a Mod 10　　D）把语句 fun = n 改为 fun = a

6. 设工程文件包含两个窗体文件 Form1.frm、Form2.frm 及一个标准模块文件 Module1.bas。两个窗体上分别只有一个名称为 Command1 的命令按钮。

Form1 的代码如下:

```
    Public x As Integer
    Private Sub Form_Load
        x = 1
        y = 5
    End Sub
    Private Sub Command1_Click()
        Form2.Show
    End Sub
```

Form2 的代码如下:

```
    Private Sub Command1_Click()
        Print Form1.x, y
    End Sub
```

Module1 的代码如下：

```
    Public y As Integer
```

运行以上程序，单击 Form1 上的命令按钮 Command1，则显示 Form2；再单击 Form2 上的命令按钮 Command1，则窗体上显示的是________。

A）1　5　　B）0　5　　C）0　0　　D）程序有错

7. 现有如下程序：

```
Private Sub Command1_Click( )
    s=0
    For i=1 To 5
        s=s+f(5+i)
    Next
    Print s
  End Sub
Public Function f( x As Integer)
    If x>=10 Then
        t=x+1
    Else
        t=x+2
    End If
    f=t
End Function
```

运行程序，则窗体上显示的是________。

A）38　　B）49　　C）61　　D）70

8. 设窗体上有一个文本框 Text1 和一个命令按钮 Command1，并且有以下事件过程：

```
Private Sub Command1_Click( )
    Dim s As String, ch As String
    s=""
    For k=1 To Len( Text1 )
        ch=Mid( Text1 ,k ,1 )
        s=ch+s
    Next k
    Text1. Text=s
End Sub
```

程序执行时，在文本框中输入"Basic"，然后单击命令按钮，则 Text1 中显示的是________。

A）Basic　　B）cisaB　　C）BASIC　　D）CISAB

9. 已知在 4 行 3 列的全局数组 score(4,3)中存放了 4 个学生 3 门课程的考试成绩（均为整数）。现需要计算每个学生的总分，某人编写的程序如下：

```
Option Base 1
```

```
Private Sub Command1_Click( )
    Dim sum As Integer
    sum=0
    For i=1 To 4
        For j=1 To 3
            sum=sum+score(i,j)
        Next j
        Print "第" & i & "个学生的总分是:";sum
    Next i
End Sub
```

运行此程序后发现,除第 1 个人的总分计算正确外,其他人的总分都是错误的,程序需要修改。以下修改方案中正确的是________。

A）把外层循环语句 For i=1 To 4 改为 For i=1 To 3 内层循环语句 For j=1 To 3 改为 For j=1 To 4

B）把 sum=0 移到 For i=1 To 4 和 Forj=1 To 3 之间

C）把 sum=sum+score(i,j)改为 sum=sum+score(j,i)

D）把 sum=sum+ score(i,j)改为 sum=score(i,j)

三、填空完善程序

1. 窗体上命令按钮 Command1 的事件过程如下:

```
Private Sub Command1_Click( )
    Dim total As Integer
    total=s(1)+s(2)
    Print total
End Sub
Private Function s(m AS Integer)As Integer
    Static x As Integer
    For i=1 To m
      x=x+l
    Next i
    s=x
End Function
```

运行程序,第 3 次单击命令按钮 Command1 时,输出结果为________。

2. 在窗体上添加一个名称为 Command1 的命令按钮,然后编写如下程序:

```
Option Base 1
Private Sub Command1_Click( )
    Dim a(10)As Integer
    For i=1 To 10
```

```
            a(i)=i
        Next
        Call swap(________)
        For i=1 To 10
            Print a(i);
        Next
    End Sub
    Sub swap(b() As Integer)
        n=Ubound(b)
        For i=1 To n/2
            t=b(i)
            b(i)=b(n)
            b(n)=t
            ________
        Next
    End Sub
```

上述程序的功能是，通过调用过程 swap，调换数组中数值的存放位置，即 a(1)与 a(10)的值互换，a(2)与 a(9)的值互换，……。将以上程序补充完整。

3. 以下程序的功能是：将顺序文件 smtext1.txt 中的内容全部读入内存中，并在文本框 Text1 中显示出来。试将以下程序补充完整。

```
    Private Sub Command1_Click()
        Dim inData As String
        Text1.Text=""
        Open"smtext1.txt"______As #2
        Do While __________
            Input #2,inData
            Text1.Text=Text1.Text&inData
        Loop
        Close #2
    End Sub
```

4. 下面的程序执行时，可以从键盘上输入一个正整数，然后将该数的每位数字按逆序输出。例如，输入 7 685，则输出 5 8 6 7；输入 1 000，则输出 0 0 0 1。请填空。

```
Private Sub Command1_Click
    Dim x As Integer
    x=InputBox("请输入一个正整数")
    While x>__________
        Print x Mod 10;
        x=x\10
```

```
    Wend
    Print
End Sub
```

四、编程题

1. 输入一个数,若是正数,则输出它的平方根,若是负数,则输出负数不能开平方的提示信息。要求:运行后,单击命令按钮,用输入框函数输入数据,用消息框输出结果。

2. 输入一个正整数,输出它是否为素数的信息。

3. 随机产生10个100以内的随机正数,将它们按升序排序后,写到顺序文件“data.txt”中。

测试题二

一、单选题

1. 下列说法中错误的是________。

A）方法是对象的一部分　　B）在调用方法时，对象名是不可缺少的

C）方法是一种特殊的过程和函数　　D）方法的调用格式和对象属性的使用格式相同

2. 下列叙述中错误的是________。

A）Visual Basic 采用了事件驱动编程机制

B）Visual Basic 是面向过程的程序设计语言

C）Visual Basic 是可视化程序设计语言

D）Visual Basic 是面向对象的程序设计语言

3. 表达式 x=Sqr(a^2-5)+sqr(b^2-5)的类型是________。

A）算术表达式　　B）逻辑表达式　　C）关系表达式　　D）字符表达式

4. 表达式 Abs(-5)+Len("ABCDE")的值是________。

A）5ABCDE　　B）-5ABCDE　　C）10　　D）0

5. 能够获得一个文本框中被选取文本的内容的属性是________。

A）Text　　B）Length　　C）SelText　　D）SelStart

6. 为了使图像框适应图片的大小，下列属性设置正确的是________。

A）AutoSize=True　　B）Stretch=False　　C）Stretch=True　　D）Stretch=False

7. 要使一个命令按钮成为图形命令按钮，应设置的属性是________。

A）Picture　　B）Style　　C）LoadPicture　　D）DisabledPicture

8. 下列表达式中不能判断 x 是否为偶数的是________。

A）x/2=Int(x/2)　　B）x Mod 2=0　　C）FiX(x/2)=x/2　　D）x\2=0

9. 设在名称为 Myform 的窗体上只有 1 个名称为 C1 的命令按钮，下列叙述中正确的是________。

A）窗体的 Click 事件过程的过程名是 Myform_Click

B）命令按钮的 Click 事件过程的过程名是 C1_Click

C）命令按钮的 Click 事件过程的过程名是 Command1_Click

D）上述 3 种过程名都是错误的

10. 设窗体上有 1 个滚动条，要求单击滚动条右端的按钮 ▶ 一次，滚动块移动一定的刻度值，决定此刻度值的属性是________。

A）Max　　B）Min　　C）SmallChange　　D）LargeChange

11. 1 个二维数组可以存放 1 个矩阵。在程序开始有语句 Option Base 0，则下面定义的数组

中正好可以存放1个4×3矩阵(即只有12个元素)的是________。

A) Dim a(-2 To 0,2) As Integer　　B) Dim a(3,2) As Integer

C) Dim a(4,3) As Integer　　D) Dim a(-1 To-4,-1 To-3) As Integer

12. 若设置了文本框的属性 PasswordChar="$",则运行程序时向文本框中输入8个任意字符后,文本框中显示的是________。

A) 8个"$"　　B) 1个"$"　　C) 8个"*"　　D) 无任何内容

13. 设在窗体上有1个名称为 Combol 的组合框,含有5个项目,要删除最后一项,正确的语句是________。

A) Combo1. RemoveItem Combo1. Text

B) Combo1. RemoveItem 4

C) Combo1. RemoveItem Combo1. ListCount

D) Combo1. RemoveItem 5

14. 已知有如下过程:

```
Private Sub proc1(a As Integer,b As String,Optional x As Boolean)
  …
End Sub
```

正确调用此过程的语句是________。

A) Call proc1(5)　　B) Call proc1 5,"abc",False

C) proc1(12,"abc",True)　　D) proc1　5,"abc"

15. 某人创建了1个工程,其中的窗体名称为 Form1,之后又添加了1个名为 Form2 的窗体,并希望程序执行时先显示 Form2 窗体,那么,他需要做的工作是________。

A) 在"工程属性"对话框中将"启动对象"设置为 Form2

B) 在 Forml 的 Load 事件过程中加入语句 Load Form2

C) 在 Form2 的 Load 事件过程中加入语句 Form2. Show

D) 将 Form2 的 TabIndex 属性设置为1,将 Form1 的 TabIndex 属性设置为2

16. 移动鼠标,当鼠标经过控件时将触发控件的________。

A) MouseDown 事件　　B) MouseUp 事件

C) MouseMove 事件　　D) Click 事件

17. 在 Visual Basic 中,要将一个窗体从内存中释放,应使用的语句是________。

A) Hide　　B) Unload　　C) Load　　D) Show

18. 组合框控件是将某两个控件组合成一个控件形成的,这两个控件是________。

A) 列表框控件和文本框控件　　B) 标签控件和列表框控件

C) 标签控件和文本框控件　　D) 复选框控件和选项按钮控件

19. 在下列关于菜单的说法中,错误的是________。

A) 每个菜单项都是一个控件,与其他控件一样有自己的属性和事件

B) 除了 Click 事件之外,菜单项还能响应其他的事件过程(如 DblClick 等)

C) 菜单项的快捷键不可以任意设置

D) 在程序执行时,如果菜单项的 Enabled 属性为 False,则该菜单项变成灰色,不能被用户

选择

20. 设已打开 5 个文件,文件号为 1、2、3、4、5。要关闭所有文件,以下语句中正确的是________。

A) Close #1,2,3,4,5　　B) Close #1;#2,#3;#4;#5

C) Close #1-#5　　D) Close

二、阅读程序并写出运行结果

1. 窗体上有 1 个名称为 Listl 的列表框,在其中已经输入了若干个项目(如图 C-2 所示);还有两个文本框,名称分别为 Text1、Text2,1 个名称为 Command1 的命令按钮,并且有以下程序:

```
Private Sub Command1_Click()
    Dim str As String,s As String,k As Integer
    s=Text1.Text
    str=""
    For k=Listl.ListCount-1 To 0 Step-1
      If InStr(Listl.List(k),s)>0 Then
          str=str & Listl.List(k) & "   "
      End If
    Next k
    If str="" Then
      Text2="没有匹配的项目"
    Else
      Text2=str
    End If
End Sub
```

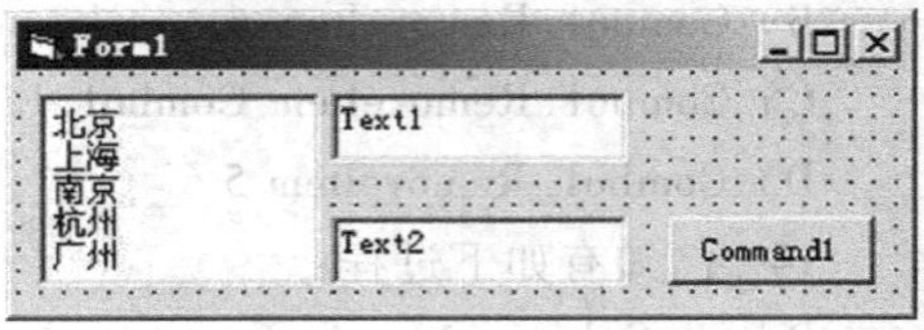

图 C-2　窗体

程序运行时,在 Text1 中输入"京",单击命令按钮,则在 Text2 中显示的内容是________。

A) 京　　B) 北京　南京　　C) 南京　北京　　D) 没有匹配的项目

2. 在窗体上添加 1 个名称为 Command1 的命令按钮,并编写以下程序:

```
Private Sub Command1_Click()
    Print fun("ABCDEFG")
End Sub
Function fun(st As String)As string
    stlen=Len(st)
    temp=""
    For k=1 To stlen/2
        temp=temp+Mid(st,k,1)+Mid(st,stlen-k+1,1)
    Next k
    fun=temp
End Function
```

程序运行时,单击命令按钮,则在窗体上显示的是________。

A) ABCDEFG　　B) AGBFCE　　C) GFEDCBA　　D) AGBFCED

3. 在窗体上添加1个名称为Command1的命令按钮,然后编写如下事件过程:

```
Option Base 1
Private Sub Command1_Click( )
    Dim a(5, 5) As Integer
    For i = 1 To 5
        For j = 1 To 5
            a(i, j) = (i + j) * 5\10
        Next j
    Next i
    s = 0
    For i = 1 To 5
        s = s + a(i, i)
    Next i
    Print s
End Sub
```

程序运行后,单击命令按钮,输出结果是________。

A) 15　　B) 13　　C) 11　　D) 9

4. 在窗体上添加两个命令按钮,名称分别为Command1、Command2,并编写如下程序:

```
Const n = 5, m = 4
Dim a(m, n)
Private Sub Command1_Click( )
    k = 1
    For i = 1 To m
        For j = 1 To n
            a(i,j) = k
            k = k + 1
        Next j
    Next i
End Sub
Private Sub Command2_Click( )
    summ = 0
    For i = 1 To m
        For j = 1 To n
            If i = 1 Or i = m Then
                summ = summ + a(i, j)
            Else
```

```
            If j = 1 Or j = n Then
                summm = summm + a(i, j)
            End If
        End If
    Next j
  Next i
  Print summm
End Sub
```

过程 Command1_Click( )的作用是在二维数组 a 中存放 1 个 m 行 n 列的矩阵；过程 Command2_Click( )的作用是________。

A）计算矩阵外围一圈元素的累加和

B）计算矩阵除外围一圈元素以外的所有元素的累加和

C）计算矩阵第 1 列和最后 1 列元素的累加和

D）计算矩阵第 1 行和最后 1 行元素的累加和

5. 运行下面的程序后，输出的结果为________。

```
Cls
Dim t(5, 5) As Integer
For i=1 To 5
  t(i, i) = 1
Next
For i=1 To 5
  For j=1 To 5
      Print t(i, j),
  Next
Print
Next
```

A）
```
1  1  1  1  1
1  1  1  1  1
1  1  1  1  1
1  1  1  1  1
1  1  1  1  1
```

B）
```
1
   1
      1
         1
            1
```

C）
```
1  0  0  0  0
0  1  0  0  0
0  0  1  0  0
0  0  0  1  0
0  0  0  0  1
```

D）
```
1  1  1  1  1
```

6. 在窗体上添加一个命令按钮，然后编写如下事件过程：

```
Private Sub Command1_Click( )
```

```
Dim m As Integer, n As Integer, p As Integer
m=3: n=5: p=0
Call Y(m, n, p)
Print Str(p)
End Sub
Sub Y(ByVal i As Integer, ByVal j As Integer, k As Integer)
k=i + j
End Sub
```

程序运行后,如果单击命令按钮,则在窗体上显示的内容是________。

A) 4　　B) 6　　C) 8　　D) 10

7. 单击命令按钮时,下列程序的运行结果为________。

```
Private Sub Command1_Click( )
Dim x As Integer, y As Integer
x=12: y=32
Call PCS(x, y)
Print x; y
End Sub
Public Sub PCS(ByVal n As Integer, ByVal m As Integer)
n=n Mod 10
m=m Mod 10
End Sub
```

A) 12 32　　B) 2 32　　C) 2 3　　D) 12 3

8. 在窗体上添加一个名称为 Command1 的命令按钮,然后编写如下事件过程:

```
Private Sub Command1_Click( )
For n=1 To 20
If n Mod 3= 0 Then m=m+n/3
Next
Print n
End Sub
```

程序运行后,如果单击命令按钮,则窗体上显示的内容是________。

A) 15　　B) 18　　C) 21　　D) 24

三、填空完善程序

1. 下面程序的功能是从键盘上输入 1 个大于 100 的整数 m,计算并输出满足不等式。
$1+2^2+3^2+4^2+\cdots+n^2<m$ 的最大的 n。试将以下程序补充完整。

```
Private Sub Command1Click( )
    Dim s,m,n As Integer
    m=Val(InputBox("请输入一个大于 100 的整数"))
```

```
    n = ____________
    s = 0
    Do While s<m
        n = n+1
        s = s+n * n
    Loop
    Print"满足不等式的最大的 n 是"; ____________
End Sub
```

2. 编写如下函数来判断 a 是否为素数,若是,则函数返回 True;否则返回 False。

```
Function prime(a As Integer)As Boolean
    Dim k As Integer,isprime As Boolean
    If a<2 Then
        isprime = False
    Else
        isprime = True
        k = 2
        Do While k<a/2 And isprime
            If a Mod k = 0 Then
                isprime = False
            Else
                k = k+1
            End If
        Loop
    End If
    prime = isprime
End Function
```

在测试时发现有 1 个非素数也被判断为素数,这个错判的数是__________。

3. 下面程序的功能是统计字符串中"i"的个数,试将以下程序补充完整。

```
Sub COU()
Dim n As Integer
a$ = "Beijing University of Technology"
n = Len(a$)
For i = 1 To n
b$ = Mid$(a$, i, 1)
If ________ Then x = x + 1
Next
Print "x = "; x
End Sub
```

4. 下面程序运行后，单击命令按钮，输出的结果是________。

```
Private Sub Command1_Click( )
Dim a% (1 To 4) , b% (2 To 6) , i% , str1#, str2#
For i=1 To 4
a(i) =i
Next
For i=2 To 6
b(i) =i
Next
str1=YAG(a)
str2=YAG(b)
Print "str1="; str1; "str2="; str2
End Sub
Function YAG(a( ) As Integer)
Dim t#, i%
t=1
For i=LBound(a) To UBound(a)
t=t * a(i)
Next
YAG=t
End Function
```

5. 有一个过程如下：

```
Sub Sub1(m As Integer,total As Long)
Dim i As Integer
total=1
For i=1 To m
    total=total * i
Next
End Sub
```

调用它的事件过程如下：

```
Private Sub Command1_Click( )
Dim tot As Long,a As Integer
a=Val(InputBox("请输入数据"))
Call Sub1(a,tot)
Print tot
End Sub
```

则输入数据 5，运行结果为__________。

6. 执行下面的程序段后，变量 S 的值为________。

```
S=5
For i=2.6 To 4.9 Step 0.6
S=S+1
Next i
```

四、编程题

1. 输入一个字符串,分别统计其中大写字母、小写字母、数字字符及其他字符的个数。

2. 单击命令按钮随机产生 50 个 0 ~9 范围内的随机正整数并显示在列表框 1 中,并在列表框 2 中分别输出它们出现的次数。

3. 在顺序文件“data1. txt”中有若干学生的数学成绩,要求单击命令按钮,将“data1. txt”中大于等于 90 分的数据写到顺序文件“data2. txt”中。

测试题三

一、单选题

1. 对象的性质和状态特征称为________。

A) 事件　　B) 方法　　C) 属性　　D) 类

2. 下列哪一个控件没有 Caption 属性? ________

A) 命令按钮　　B) 文本框　　C) 标签　　D) 复选框

3. 关于过程与函数下列说法中不正确的是________。

A) 自定义函数可以返回多个值

B) 有无返回值是区分过程与函数的主要特征

C) 在函数体中至少有一个给函数名赋值的语句

D) 如果不给函数名赋值,则该函数返回一个默认值

4. 对于多种选项可同时选中的场合,应选用下列哪一个控件? ________

A) OptionButton　　B) CheckBox　　C) Label　　D) CommandButton

5. 下面定义静态变量的语句是________。

A) Dim Name$　　B) Dim Name#　　C) Static Name%　　D) Dim Name

6. 若在窗体单击事件中用 Static　a% 声明了一个变量,当该事件结束后,变量 a 将________。

A) 消失　　B) 自动恢复为初始值

C) 仍存在不会改变　　D) 不一定

7. 表达式 Int(-5.4)+10 * 3^2\4 的结果是________。

A) 17　　B) 16　　C) 18　　D) 15

8. 假设有一个字符串 S,要想从第 2 个字符起截取 3 个字符,可以使用下列哪个函数? ________

A) Left(S,3)　　B) Mid(S,3,2)　　C) Mid(S,2,3)　　D) Right(S,3)

9. 产生[20,40]范围内的随机整数的 Visual Basic 表达式是________。

A) Int(Rnd * 20)+20　　B) Int(Rnd * 21)+20

C) Int(Rnd * 20)+21　　D) Int(Rnd * 21)+21

10. 下列哪一种文件不属于 Visual Basic 处理数据文件的方式? ________

A) 顺序文件　　B) 随机文件　　C) 磁盘文件　　D) 二进制文件

11. 建立一个顺序文件要用下列哪一种访问方式? ________

A) Input　　B) Output　　C) Append　　D) Random

12. 打开一个顺序文件准备读数据可采用下列哪种方式? ________

A) Input　　B) Output　　C) Append　　D) Random

13．利用通用对话框控件显示保存文件对话框可使用下列哪种方法？________

A）ShowSave　B）ShowOpen　C）ShowColor　D）ShowFont

14．设 a=6，则执行 x=iif(a>5,-1,0)后，x 的值为________。

A）5　B）6　C）0　D）-1

15．定义有 5 个整型元素的数组，下列语句中正确的是________。

A）Dim a(4) As integer　B）Option Base 1 ：Dim a(5)

C）Dim a(5)　D）Dim a(5) As integer

16．为了在按回车键时执行某个命令按钮的事件过程，需要将该命令按钮的一个属性设置为 True，这个属性是________。

A）Value　B）Cancel　C）Enabled　D）Default

17．以下说法中不正确的是________。

A）使用 Redim 语句可以改变数组的维数

B）使用 Redim 语句可以改变数组的类型

C）使用 Redim 语句可以改变数组每一维的大小

D）使用 Redim 语句可以对数组的所有元素进行初始化

18．可通过下列哪一项使图像(Image)控件中的图像自动适应控件的大小？________

A）将控件的 AutoSize 属性设置为 True

B）将控件的 AutoSize 属性设置为 False

C）将控件的 Stretch 属性设置为 True

D）将控件的 Stretch 属性设置为 False

19．设已经打开 5 个文件，文件号分别为 1、2、3、4、5。要关闭所有文件，以下语句中正确的是________。

A）Close #1,2,3,4,5　B）Close #1;#2;#3;#4;#5

C）Close #1－ #5　D）Close

20．如果准备读文件，打开顺序文件"text. dat"的正确语句是________。

A）Open "text. dat" For Write As #1　B）Open "text. dat" For Binary As #1

C）Open "text. dat" For Input As #1　D）Open "text. dat" For Random As #1

二、阅读程序并写出运行结果

1．执行下面的程序，第 1 行的输出结果是________，第 2 行的输出结果是________。

```
Option Explicit
Private Sub Form_Click( )
    Dim a As Integer
    a=2
    Call Sub1(a)
End Sub
Private Sub Sub1(x As Integer)
    x=x * 2+1
```

```
    If x<10 Then
    Call Sub1(x)
    End If
    X=x*2+1
    Print x
End Sub
```

2. 窗体上有一个命令按钮,程序运行后单击命令按钮,输出的结果是________。

```
Private Sub Command1_Click()
    Dim a
    a=array(1,2,3,4,5)
    For k=1 to 4
    S=s+a(k)
    Next k
    Print S
End Sub
```

3. 有如下程序段:

```
Private Sub Commnd1_Click()
    Dim a As Single, b As Single
    a=5
    b=4
    Call Sub1(a,b)
    Print a,b
End Sub
Private Sub Sub1(x As Single, y As Single)
    T=x
    X=t\y
    Y=t mod y
End Sub
```

在调用上述程序后,a 和 b 的值分别是________。

4. 执行下面的程序,单击窗体后在窗体上显示的结果是________。

```
Private Sub Form_Click()
    Dim str1 As String ,str2 As String , i As Integer
    Str1="abc"
    For i=Len(str1) To 1 Step -1
    str2 = str2 & Chr(Asc(Mid(str1, i, 1)) + i)
    Next i
    Print str2
End sub
```

5. 在命令按钮的单击事件中添加如下程序:

```
Private Sub Command1_Click( )
    Dim x As Integer
    X=InputBox("enter x")
    If x mod 3=0 Then y=x*3
    If x mod 3=1 Then y=x*5
    If x mod 3=2 Then y=x*7
    Print y
End Sub
```

如果输入 23,程序的运行结果是 ________。

三、填空完善程序

1. 下面的程序用于计算 *Sn* 的值:*Sn*=a+aa+aaa+…+aaaa…a,其中最后一项为 *n* 个。例如,当 *a*=5、*n*=4 时,则 *Sn*=5+55+555+5555。在空白处填入适当的内容,将程序补充完整。

```
Private sub Command1_Click( )
    Dim a As Integer, n As Integer, Count As Integer
    Dim Sn As Long, Tn As Long
    Count=1
    Sn=____(1)____
    Tn=____(2)____
    a=InputBox("请输入 a 的值")
    ____(3)____
    Do
    Tn=Tn*10+a
    Sn=Sn+Tn
    Count=Count+1
    Loop ____(4)____
    Debug.Print a,n,Sn
End Sub
```

2. 下面的程序用于计算组合公式 *n*!/(*m*!*(*n*-*m*)!)的值,在文本框中分别输入 *n* 和 *m* 的值,单击命令按钮即可计算表达式的值,试将程序补充完整。

```
Private Sub Command1_Click( )
    Dim n As Integer, m As Integer
    n=Text1.Text
    m=Text2.Text
    Text3.Text=fun(n)/fun ____(5)____ /fun ____(6)____
End Sub
Private Function fun(n As integer) As Long
```

```
    Dim fact As Long
    fact=1
    For k=1 To n
        fact=fact * k
    Next k
    ____(7)____
End Function
```

3. 下面的程序用于将数据 1、2、3、4、5、6、7、8 写入顺序文件 num.txt 中，试将程序补充完整。

```
Private sub Form_Click( )
    Dim i As Integer
    Open "Num.txt" For ____(8)____ As #1
    For i=1 To 8
    ____(9)____
    Next i
    Close #1
End Sub
```

4. 下面的程序用于产生 10 个小于 100（不包含 100）的随机整数，并统计其中 5 的倍数所占的比例，但程序不完整，试将其补充完整。

```
Private Sub PR( )
    Dim a(10) As Integer
    Randomize
    For i=1 To 10
    a(i)= ____(10)____
    If ____(11)____ Then k=k+1
    Print a(i);
    Next i
    Print
    Print k/10
End Sub
```

5. 下面的程序用于计算 y 的值：当 $x<50$ 时，$y=0.8x$；当 $50\leqslant x\leqslant 100$ 时，$y=0.7x$；当 $x>100$ 时没有意义。试将程序补充完整。

```
Private Sub Commnad1_Click( )
    Dim x As Single
    x=InputBox("请输入 x 的值")
    Select Case x
    Case is<50
    Y=0.8 * x
    Case ____(12)____
```

```
        Y = 0.7 * x
    _____(13)_____
        Print "输入的数据出界没有意义"
        End Select
        Print x, y
    End Sub
```

四、编程题

1. 从键盘上输入任意 10 个整数,求出这 10 个数中的最大值、最小值及平均值。

2. 在窗体上添加两个命令按钮 Command1、Command2。其 Caption 属性分别是"读数据"和"分离数据"。再添加两个列表框 List1 和 List2。单击"读数据"按钮则将 D:\in5.dat 文件中的 100 个整数读入数组 a 中,同时显示在列表框 List1 中。单击"分离数据"按钮,则将数组 a 中所有能被 3 整除的数存到数组 b 中,并将数组 b 中的元素按升序排序后显示在列表框 List2 中。

测试题四

一、单选题

1. 当 Label 控件 Caption 属性的文本超过控件宽度时，为了使 Label 控件能自动调整大小，需要设置________属性。

A）AutoSize　　B）Caption　　C）BorderStyle　　D）Font

2. 不能用来显示程序输出信息的控件是________。

A）标签　　B）文本框　　C）图片框　　D）命令按钮

3. 为了向用户提供多选一的功能，需要使用下列哪个控件？________

A）OptionButton　　B）CheckBox　　C）CommandButton　　D）Frame

4. 当单选按钮被选中时，其 Value 属性的值为________。

A）1　　B）2　　C）True　　D）False

5. 计时器控件用于设置时间间隔的属性是________。

A）Enabled　　B）Interval　　C）Index　　D）Tag

6. 用于获取字符串 S 最左边 4 个字符的函数是________。

A）Left(S, 4)　　B）Left(1, 4)　　C）Leftstr(S)　　D）Len(S)

7. 程序运行时，用户选择的列表项的下标由下列哪个属性标识？________

A）List　　B）ListIndex　　C）Selected　　D）Text

8. 既可以在控件的文本框中输入信息，又可以在控件的列表框中选择一项的控件是________。

A）ListBox　　B）CommandButton　　C）ComboBox　　D）CheckBox

9. 下面不合法的变量名是________。

A）sum　　B）age　　C）end　　D）num

10. 为了在第 30 列上输出 1 个“ * ”，应使用下列哪个 Print 语句？________

A）Print 30," * "　　B）Print 30;" * "

C）Print Tab(30)," * "　　D）Print Tab(30);" * "

11. 关于 For 循环下列说法中正确的是________。

A）步长必须为正　　B）循环变量超出终值时结束循环

C）循环变量大于终值时结束循环　　D）步长可以为零

12. 关于过程函数下列说法中不正确的是________。

A）过程分为自定义过程和事件过程

B）过程定义中的参数为形式参数

C）实际参数可以比形式参数少

D）实参表必须在数目、类型排列上与形参表一致

13. 下面关于 Do Until…Loop 循环的说法中正确的是________。

A）先执行循环体语句一次后，再判断是否再次进入循环

B）先执行循环体语句一次后，再判断是否不再进入循环

C）执行循环体语句前先判断是否不满足条件，若不满足则进入循环

D）执行循环体语句前先判断是否不满足条件，若满足则进入循环

14. 要使菜单项 MenuOne 在程序运行时失效，可使用的语句是________。

A）MenuOne. Visible = True　　B）MenuOne. Visible = False

C）MenuOne. Enabled = True　　D）MenuOne. Enabled = False

15. 下列哪一种文件不属于 Visual Basic 处理数据文件的方式？________

A）顺序文件　　B）随机文件　　C）磁盘文件　　D）二进制文件

16. 显示通用对话框的保存文件对话框可使用________方法。

A）ShowSave　　B）ShowOpen　　C）ShowColor　　D）ShowFont

17. 返回第一个可用文件号应采用下列哪个函数？________

A）Lof　　B）Eof　　C）Loc　　D）FreeFile

18. 建立一个顺序文件应采用下列哪种访问方式？________。

A）Input　　B）Output　　C）Append　　D）Random

19. 关于数组下列说法中正确的是________。

A）数组中的元素具有不同的类型　　B）最多可以采用二维数组

C）数组下标可以采用任何类型　　D）数组在内存中占据了一片连续的存储区域

20. 关于循环的退出下列说法中正确的是________。

A）不允许提前退出　　B）允许提前退出

C）必须用 Exit For 退出循环　　D）必须用 Exit Do 退出循环

二、阅读程序并写出运行结果

1. 在下面的程序段中循环执行的次数为________。

```
For i = 1 To 20
  i = i * i
Next i
```

A）20　　B）10　　C）3　　D）4

2. 执行下面的程序后，单击窗体，输出结果为________。

```
Private Sub Form_Click( )
    Print"Click";
End Sub
Private Sub Form_MouseDown(Button As Integer, Shift As Integer,X As Single, Y As Single)
    Print "Down";
End Sub
Private Sub Form_MouseUp(Button As Integer, Shift As Integer, X As Single, Y As Single)
    Print "Up" ;
```

```
End Sub
```

A）DownUpClick　　B）ClickDownUp

C）DownClickUp　　D）UpDownClick

3. 有如下函数过程：

```
Private Function Fun(ByVal x As Integer, Byval y As Integer) As Integer
    Do While y<>0
    R=x Mod y
    X=y
    Y=r
    Loop
    Fun=x
End Function
```

以下是调用该函数的事件过程,该程序的运行结果是________。

```
Private Sub Command1_Click( )
    Dim a As Integer
    a=100
    b=25
    X=Fun(a,b)
    Print a,b,X
End Sub
```

A）25,0,0　　B）100,25,25　　C）100,25,50　　D）25,0,100

4. 在窗体上添加一个文本框,其名称为 Text1，然后编写如下事件过程：

```
Private Sub Text1_KeyPress(KeyAscii As Integer)
    Dim str As String
    Str=Chr(KeyAscii)
    KeyAscii=Asc(Ucase(str))
    Text1.Text=String(2,KeyAscii)
End Sub
```

程序运行后,如果在键盘上输入字母 b,则在文本框 Text1 中显示的内容是________。

A）bbb　　B）BBB　　C）BB　　D）bb

5. 有如下程序：

```
Private Sub Command1_Click( )
    Dim a As Single
    Dim b As Single
    a=5: b=4
    Call sub1(a,b)
    Print a,b
End Sub
```

```
Private Sub sub1(x As Single, y As Single)
    T=x
    X=t\y
    Y=t mod y
End Sub
```

运行程序后,a 和 b 的值分别为________。

A) 0 0　　B) 1 1　　C) 2 2　　D) 1 2

三、填空完善程序

1. 下面的程序段用来判断 x 是否为素数,试将其补充完整。

```
For i=2 To sqr(x)
  If x Mod i=0 Then ____(1)____
Next
If ____(2)____ Then
  Label1.Caption="是素数"
Else
  Label1.Caption="不是素数"
End If
```

2. 下面的程序段用来产生 50 个 0 到 100 之间(不包含 100)的随机整数,并在 Text1 中显示最大值和最小值,试将其补充完整。

```
  max=-1
  min=1000
  For i=1 To 50
    x=____(3)____
    If x>max Then ____(4)____
    If x<min Then min=x
  Next
  Text1.Text="最大数为" & max & ",最小数为" & min
```

3. 下面的程序段用来产生 100 个数,并统计个位数分别为 0,1,2…9 的数字的个数,试将其补充完整。

```
For i=1 To 100
  x=Int(Rnd * 100)
  j=____(5)____
  b(j)=b(j)+1
Next
For i=0 To 9
  List1.AddItem "个位数为" & i & " 的数的个数是" & b(i)
Next
```

4. 下面的程序段用来产生一个两条对角线元素为1、其余元素为0的 $n \times n$ 的矩阵，试将其补充完整。

```
For i=1 To n
  For ____(6)____
    If ____(7)____ Then
        a(i,j)=1
    Else
        a(i,j)=0
    End If
  Next
Next
```

5. 下面的程序段用来对数组 a(n) 按升序排序，试将其补充完整。

```
For i=1 To n-1
  For j=1 To ____(8)____
    If a(j)>a(j+1) Then
        m=a(j)
        a(j)=a(j+1)
        ____(9)____
      End If
  Next
Next
For i=1 To n
  Print a(i);
Next
```

6. 下面的程序段用来从顺序文件中读入数据，并在文本框1中显示数据，试将其补充完整。

```
Open "record1.dat" For ____(10)____ As #1
Do Until ____(11)____
  Input #1,name,age,class
  Text1.Text=Text1.Text & name & age & class
Loop
Close
```

7. 下面的程序段用来向顺序文件中写入数据，试将其补充完整。

```
Open "record1.dat" For ____(12)____ As #1
For i=1 To 10
  name=InputBox("请输入姓名")
  age=InputBox("请输入年龄")
  class=InputBox("请输入班级")
  ____(13)____
```

```
Next
Close
```

8．下面的程序段用来统计字符串中“i”的个数，试将其补充完整。

```
Private Sub Command1_Click()
Dim n As Integer
a$ = "Beijing University of Technology"
n=Len(a$)
For i=1 To n
b$ =Mid(a$ ,I,1)
If ____(14)____ Then x=x+1
Next i
Print x
End Sub
```

四、编程题

1．窗体上有一个文本框和一个命令按钮。在文本框中输入密码，单击命令按钮 Command1，对输入的密码进行验证，如果输入的是“123456”，则用消息框显示“合法用户”，否则显示为“非法用户”，并将文本框中的内容清空。

2．在窗体上有一个命令按钮，单击命令按钮随机产生 100 个两位随机数存入数组 arr 中，编写程序统计数组 arr 中能被 9 整除的数据个数，并将统计结果写入顺序文件“Data1.txt”中。

3．编程计算 1！+2！+3！+…n!，其中 n 的值从键盘上输入。要求编写求阶乘的函数过程，通过调用函数过程求出上述表达式的值。

测试题一参考答案

一、单选题

序号	1	2	3	4	5	6	7	8	9	10
答案	B	D	C	B	A	A	A	B	C	B
序号	11	12	13	14	15	16	17	18	19	20
答案	D	A	B	C	B	D	C	A	C	A

二、阅读程序写出运行结果

序号	1	2	3	4	5	6	7	8	9
答案	D	D	B	D	B	A	B	C	B

三、填空完善程序

1. 12　　2. n=n-1　　3. For Input、Not EOF(2)　　4. 0

四、编程题

1.
```
Private Sub Command1_Click( )
    Dim x As Single
    x = Val(InputBox("输入一个数"))
    If x >= 0 Then Print Sqr(x) Else Print "负数不能开平方"
    End Sub
```

2.
```
Private Sub Command1_Click( )
    Dim n As Integer, t As Integer, i As Integer
    n = Val(InputBox("输入一个正整数"))
    t = 1
    For i = 2 To Sqr(n)
      If n Mod i = 0 Then
        t = 0
        Exit For
        End If
```

```
    Next
    If t = 1 Then Print "是素数" Else Print "不是素数"
    End Sub
3. Private Sub Command1_Click( )
    Dim a(10) As Integer, i As Integer, j As Integer, t As Integer
    For i = 1 To 10
    a(i) = Int(Rnd * 100)
    Next
    For i = 1 To 9
        For j = i + 1 To 10
            If a(i) > a(j) Then
              t = a(i): a(i) = a(j): a(j) = t
              End If
        Next
    Next
    Open "data.txt" For Output As #1
    For i = 1 To 10
      Print a(i);
      Print #1, a(i);
    Next
    Print
    End Sub
```

测试题二参考答案

一、单选题

序号	1	2	3	4	5	6	7	8	9	10
答案	D	B	C	C	C	C	B	D	B	C
序号	11	12	13	14	15	16	17	18	19	20
答案	B	A	B	D	A	C	B	A	B	D

二、阅读程序写出运行结果

序号	1	2	3	4	5	6	7	8
答案	C	D	A	A	C	C	A	C

三、填空完善程序

1. 0、n-1　　2. 2　　3. b="i"　　4. str1=24、str2=720　　5. 120　　6. 9

四、编程题

1. Private Sub Command1_Click()

```
    Dim s As String, dx As Integer, xx As Integer, sz As Integer, qt As Integer, ch As String,
i As Integer
    s = InputBox("输入一个字符串")
    For i = 1 To Len(s)
      ch = Mid(s, i, 1)
      If ch >= "A" And ch <= "Z" Then
        dx = dx + 1
        ElseIf ch >= "a" And ch <= "z" Then
          xx = xx + 1
          ElseIf ch >= "0" And ch <= "9" Then
          sz = sz + 1
          Else
          qt = qt + 1
```

```
        End If
    Next
    Print "大写字母个数为"; dx
    Print "小写字母个数为"; xx
    Print "数字字符个数为"; sz
    Print "其他字符个数为"; qt
    End Sub
```

2. Private Sub Command1_Click( )

```
    Dim s(0 To 9) As Integer
    For i = 1 To 50
      n = Int(Rnd * 10)
      List1.AddItem n
      s(n) = s(n) + 1
      Next
      For i = 0 To 9
      List2.AddItem s(i)
      Next
    End Sub
```

3. Private Sub Command1_Click( )

```
    Dim score As Single
    Open "data1.txt" For Input As #1
    Open "data2.txt" For Output As #2
    Do Until EOF(1)
      Input #1, score
      If score >= 90 Then Write #1, score
    Loop
    Close
    End Sub
```

测试题三参考答案

一、单选题

序号	1	2	3	4	5	6	7	8	9	10
答案	C	B	A	B	C	C	B	C	B	C
序号	11	12	13	14	15	16	17	18	19	20
答案	B	A	A	D	A	D	B	C	D	C

二、阅读程序写出运行结果

1. 23、47　　2. 14　　3. 1、1　　4. fdb　　5. 161

三、填空完善程序

1. (1) 0　(2) 0　(3) n=Inputbox("请输入 n 的值")　(4) Until count>n
2. (5) (m)　(6) (n-m)　(7) fun=fact　3. (8) output　(9) Print #1,i
4. (10) Int(Rnd * 100)　(11) a(i) Mod 5=0　5. (12) 50 to 100　(13) Case is>100

四、编程题

1.
```
Private Sub Command1_Click()
Dim a As Integer, max As Integer, min As Integer
a = InputBox("enter a please")
max = a
min = a
Print a; " ";
For i = 2 To 10
a = InputBox("enter a please")
Print a; " ";
If a > max Then max = a
If a < min Then min = a
Next i
Print
Print max, min
End Sub
```

2\. Dim a(1 To 100) As Integer

```
Private Sub Command1_Click()
Open "D:\in5.dat" For Input As #1
Do While Not EOF(1)
i=i+1
Input #1, a(i)
List1.AddItem a(i)
Loop
End Sub
Private Sub Command2_Click()
Dim b() As Integer, c As Integer, n As Integer
For i=1 To 100
If a(i) Mod 3=0 Then
c=c+1
Redim preserve b(1 To c)
b(c)=a(i)
End If
Next i
n= Ubound(b)-Lbound(b)+1
For i=1 To n-1
For j=i+1 To n
If b(i)>b(j) Then
t=b(i)
b(i)=b(j)
b(j)=t
End If
Next j
Next i
For i=1 to c
List2.AddItem b(i)
Next i
End Sub
```

测试题四参考答案

一、单选题

序号	1	2	3	4	5	6	7	8	9	10
答案	A	D	B	C	B	A	B	C	C	D
序号	11	12	13	14	15	16	17	18	19	20
答案	B	C	C	D	C	A	D	B	D	B

二、阅读程序写出运行结果

1. C　　2. A　　3. B　　4. B　　5. B

三、填空完善程序

(1) Exit For　(2) i>sqr(x)　(3) Int(Rnd * 100)　(4) Max=x　(5) X Mod 10　(6) j=1 To n　(7) i=j or i+j=n　(8) n-i　(9) a(j+1)=m　(10) Input　(11) EOF(1)　(12) Output　(13) Write #1,name,age,class　(14) b="i"

四、编程题

1.
```
Private Sub Command1_Click()
    If Text1.Text = "123456" Then
    MsgBox "合法用户"
    Else
    MsgBox "非法用户"
    Text1.Text = ""
    End If
    End Sub
```

2.
```
Dim arr(1 To 100) As Integer
Private Sub Command1_Click()
For i = 1 To 100
arr(i) = Int(Rnd * 90) + 10
Next i
End Sub
```

```
Private Sub Command2_Click( )
Dim num As Integer
Open "D:\data1.txt" For Output As #1
For i = 1 To 100
If arr(i) Mod 9 = 0 Then
num = num + 1
End If
Next i
Print #1, num
Close #1
End Sub
```

3.

```
Private Sub Command1_Click( )
Dim n As Integer
n = InputBox("请输入 n 的值")
For i = 1 To n
Sum = Sum + jc(i)
Next i
Print "1! +2! +3! +...+n! ="; Sum
End Sub
Private Function jc(ByVal m As Integer) As Double
Dim fact As Double
fact = 1
For i = 1 To m
fact = fact * i
Next i
jc = fact
End Function
```